中国水利教育协会　组织

全国水利行业"十三五"规划教材（中等职业教育）

工种综合与现场管理实训

徐洲元　主编

www.waterpub.com.cn

·北京·

内 容 提 要

　　本教材内容由6个单元组成，分别为模板工及现场管理实训、钢筋工及现场管理实训、混凝土工及现场管理实训、砌筑工及现场管理实训、抹灰工及现场管理实训、现场施工质量检验实训。教材简明介绍了各工种的实训目的、要求、基础知识，结合相关规范和大量的实训项目，旨在提高中等职业学校水利类专业学生的动手能力和职业岗位能力水平。

　　本教材可作为中等职业学校水利类专业施工技术课程教学及各工种的岗前培训教材，也可供水利工程技术人员阅读参考。

图书在版编目（ＣＩＰ）数据

工种综合与现场管理实训 / 徐洲元主编. -- 北京：
中国水利水电出版社，2018.5
全国水利行业"十三五"规划教材. 中等职业教育
ISBN 978-7-5170-6423-7

Ⅰ. ①工… Ⅱ. ①徐… Ⅲ. ①水利工程管理－中等专
业学校－教材 Ⅳ. ①TV6

中国版本图书馆CIP数据核字(2018)第117314号

书　　　名	全国水利行业"十三五"规划教材（中等职业教育） **工种综合与现场管理实训** GONGZHONG ZONGHE YU XIANCHANG GUANLI SHIXUN
作　　　者	徐洲元　主编
出 版 发 行	中国水利水电出版社 （北京市海淀区玉渊潭南路1号D座　100038） 网址：www. waterpub. com. cn E - mail：sales@waterpub. com. cn 电话：(010) 68367658（营销中心）
经　　　售	北京科水图书销售中心（零售） 电话：(010) 88383994、63202643、68545874 全国各地新华书店和相关出版物销售网点
排　　　版	中国水利水电出版社微机排版中心
印　　　刷	北京瑞斯通印务发展有限公司
规　　　格	184mm×260mm　16开本　10.5印张　249千字
版　　　次	2018年5月第1版　2018年5月第1次印刷
印　　　数	0001—1000册
定　　　价	**28.00元**

前　言

　　本教材根据教育部办公厅《关于制定中等职业学校专业教学标准的意见》（教职成厅〔2012〕5号）及全国水利职业教育教学指导委员会制定的《中等职业学校水利水电工程施工专业教学标准》的要求编写，主要是为实现现代水利中等职业教育的人才培养目标。本教材供中等职业学校学生在专业实训教学时使用。

　　本教材主要讲解钢筋工、模板工、混凝土工、砌筑工、抹灰工及施工现场质量检验等项目实践操作知识，旨在使学生掌握主要工种的操作要领、质量控制及现场管理知识，熟悉这些工种的工艺流程，与其他工序的搭接、穿插情况。同时，使学生在实训中得到劳动锻炼，增加劳动观念和分工协作，培养职业技能，为将来从事水利工程施工工作奠定专业基础。

　　本教材由甘肃省水利水电学校教师徐洲元担任主编，由中国水利水电第四工程局高级工程师李贵兴与甘肃省水利水电学校教师张国平担任副主编。单元1、单元3由甘肃省水利水电学校教师徐洲元编写；单元2由甘肃省水利水电学校教师徐洲元与吴志焘共同编写；单元4、单元6由甘肃省水利水电学校教师张国平编写；单元5由甘肃省水利水电学校教师张国平、杨虹与中国水利水电第四工程局高级工程师李贵兴共同编写。教材编写过程中得到了中国水利水电第二工程局高级工程师杨金龙，中国水利水电第四工程局高级工程师王福让、高级工程师梁国辉、高级工程师王贤，中国水利水电第十一工程局高级工程师李晗，甘肃省水利水电勘测设计院高级工程师王正强，西北水电勘测设计院高级工程师韩瑞，以及甘肃省水利水电学校水工系李小琴、李芳等各位老师的大力支持，在此深表感谢。教材编写时参考了已出版的多种相关培训教材和著作，对这些教材和著作的编著者，一并表示谢意。

　　由于编者的专业水平和实践经验有限，本教材疏漏和不当之处在所难免，恳请读者批评指正。

编者

2018 年 1 月

目 录

单元1 模板工及现场管理实训

1.1 概 述

模板安装是从事水利工程建设的施工员、质检员、造价员、安全员等职业岗位人员必备的专业技能，是水利工程专业领域的工程技术人员必备的技能之一。

通过模板工实训，使学生掌握水利及建筑施工中模板的构造组成、制作及安装工艺流程，为学生顶岗实习、毕业后能胜任岗位工作及考取职能技能证书起到良好的支撑作用。通过项目教学，使学生了解模板工程的基础知识，掌握建筑工程图的识读、木模板施工工艺、钢模板施工工艺、大模板施工工艺、永久性模板施工工艺以及其他现浇混凝土模板施工工艺，掌握模板施工的安全问题、模板安装与拆除的质量要求及检验以及模板工程的质量问题与防治等知识。

1.1.1 实训目标

（1）熟悉钢筋混凝土结构，能识读水工建筑相关图纸内容。

（2）熟悉水工模板的分类及连接工具和支撑工具的使用。

（3）掌握一般模板工程柱、墙、梁、板等结构构件的模板体系构造组成和安装工艺流程。

（4）掌握一般模板工程支架体系构造组成和基本要求。

（5）掌握模板工程施工过程中的安全操作要求。

（6）通过模板的安装与拆除，培养学生的团队协作能力。

1.1.2 实训重点

（1）熟悉各种连接件和支承件使用方法。

（2）能使用组合钢模板进行梁、柱、板、墙等构件模板的安装与拆卸操作。

（3）钢筋混凝土结构模板及支架体系的构成模拟制作、安装工艺流程。

1.1.3 教学建议

模板工实训指导教师应具备较丰富的工程实践经验，根据教学的内容安排相应的实训项目，教学采用项目驱动教学法，实训开始前由教师讲解模板的相关基础知识，通过多媒体教学手段，利用模板工程施工现场的照片和模板安装的施工视频及仿真软件先向学生演示模板的施工过程，增加学生对模板施工过程的感性认识，提高对后面要进行的实训项目的兴趣，以达到更好的实训效果。教师在实训中要引导学生从动手操作中发现问题，有针对性地展开讨论，提出解决方案。

1.1.4 实训条件及注意事项

1. 实训场地

按一次一个班实训，4~5人一组，一个班分10组，场地面积不少于200m²。

2. 实训工具

实训机具包括圆锯、手锯、钉锤、电钻、水平尺、钢卷尺、大锤、扳手等。

3. 实训材料准备

（1）定型组合钢模板：长度为1500mm、1200mm、900mm、750mm、600mm，宽度为100mm、150mm、200mm、300mm。

（2）定型钢角模：阴角模板、阳角模板、连接角模。

（3）连接件：U形卡、L形插销、钩头螺栓、扣件、对拉螺栓、紧固螺栓、蝶形扣件、直角扣件、对接扣件、转角扣件、步步紧。

（4）支撑件：钢管、钢楞、柱箍、钢支柱、梁卡具、斜撑。

（5）12mm竹胶板、木支撑、铁丝、铁钉。

（6）脱模剂。

根据不同实训项目，老师协助学生做好材料准备。

4. 工具和材料使用注意事项

（1）实训中应加强实训材料的管理及实训机具的保养和维修。

（2）钢模板及配件、钢管支柱、铁丝、铁钉的质量要求要符合规范规定。

（3）材料的使用、运输、储存等施工过程中必须采取有效措施，防止损坏、变质和污染环境。

（4）常用工具操作结束应清洗收好。

5. 施工操作注意事项

（1）模板和混凝土的接触面应清理干净并涂刷隔离剂，严禁隔离剂沾污钢筋和混凝土接槎处。

（2）立柱与立柱之间的带锥销横杆，应用锤子敲紧，防止立柱失稳。支撑完毕应设专人检查。

（3）工作前应先检查使用的工具是否牢固。扳手等工具必须用绳链系挂在身上，钉子必须放在工具袋内，以免掉落伤人。工作时要思想集中，防止钉子扎脚或空中滑落。

（4）不得在脚手架上堆放大批模板等材料。

（5）二人抬运模板时要相互配合，协同工作。传递模板、工具，应用运输工具或绳子系牢后升降，不得乱抛。组合钢模拆装时，上下应有人接应。钢板及配件应随装拆随运送，严禁从高处掷下；高空拆模时应有专人指挥，并在下面标出工作区，用绳子和红白旗加以围栏，暂停人员过往。

（6）安装或拆除高处模板时，应搭脚手架，并设防护栏杆，防止上下在同一垂直面操作。

（7）支模过程中，如需中途停歇，应将支撑、搭头、柱头板等钉牢。拆模间歇时，应将已活动的模板、牵杆、支撑等运走或妥善堆放，防止因踏空、扶空而坠落。

（8）拆除模板一般用长撬棒，人不允许站在正在拆除的模板上。在拆除模板时，要注意整块模板掉下，尤其是用定型模板做平台模板时更要注意，拆模人员要站在门窗洞口外拉支撑，防止模板突然全部掉落伤人。

（9）拆模必须一次性拆清，不得留下无撑模板。拆下的模板要及时清理，堆放整齐。

（10）操作人员严禁穿硬鞋底和有跟鞋作业。

（11）装拆模板时，作业人员要站立在安全地点进行操作，防止上下同在一垂直面工作，操作人员要主动避让吊物，增强自我保护和相互保护的安全意识。

（12）在模板吊装时，吊点必须符合扎重要求，以防坠落伤人。模板顶撑排列必须符合施工荷载要求，拆模时，临时脚手架必须牢固，不得用拆下的模板作脚手板。脚手板搁置必须牢固平整，不得有空头板，以防踏空坠落。

6. 学生操作纪律与安全注意事项

（1）穿实训服，衣服袖口有缩紧带或纽扣，不准穿拖鞋。

（2）留辫子的同学必须把辫子扎在头顶。

（3）作业过程中必须戴手套，木模板加工使用电动机械的操作由教师进行。

（4）实训工作期间不得嘻哈打闹，不得随意玩弄工具。

（5）认真阅读实训指导书，依据实训指导书的内容，明确实训任务。

（6）实训期间要严格遵守工地规章制度和安全操作规程，进入实训场所必须戴安全帽，随时注意安全，防止发生安全事故。

（7）学生实训中要积极主动，遵守纪律，服从实习指导老师的工作安排，要虚心向工人师傅学习，脚踏实地，扎扎实实，深入实训操作，参加具体工作以培养实际工作能力。

（8）遵守实训中心各项规章制度和纪律。

（9）每天写好实训日记、记录施工情况、心得体会、革新建议等。

（10）实训结束前写好实训报告。

1.1.5 实训安排

课程教学实训，任课老师制定实训时间表，教务科（系部）汇总调整，制定学期专业实训课表，下发由任课教师执行。

（1）班级分组，每组 5 人。

（2）学生进入实训中心，先在实训中心整理队伍，按小组站好，在实训记录册签字，小组长领安全帽、手套，并发放给各位同学。

（3）学生戴好安全帽，听实训指导教师讲解混凝土实训过程安排和安全注意事项。

（4）各小组学生按实训项目进行实训材料量的计算，填写领料单，领取材料，堆放到相应工位。

（5）由实训指导教师协调设备运行并负责安全。

（6）按四步法进行实训教学。

（7）全部实训分项操作结束，实训指导老师进行点评、成绩评定。

（8）每次（每天）实训结束后，学生将实训项目全部拆除，重复使用的材料应予清理归位，废料应清理，操作现场应清扫干净。

1.2　实　训　项　目

1.2.1　项目一：扣件式钢管脚手架搭设

1.2.1.1　教师教学指导参考（教学进程表）

教学进程见表 1.1。

表 1.1　　　　　　　　　　扣件式钢管脚手架搭设教学进程表

学习任务	扣件式钢管脚手架搭设					
教学时间/学时	6			适用年级		综合实训
教学目标	知识目标	掌握脚手架搭设的安全技术要求；熟悉扣件式钢管脚手架的基本组成与构造				
	技能目标	能计算材料及工具的用量，编制材料需用量计划，正确进行脚手架搭设材料、工具、场地的准备工作；掌握扣件式钢管脚手架的搭设工艺；了解脚手架工程的质量通病，能分析其原因并提出相应的防治措施和解决办法				
	情感目标	培养团队合作精神，养成严谨的工作作风；做到安全施工、文明施工				
教学过程设计						
时间	教学流程	教学法视角	教学活动	教学方法	媒介	重点
10min	安全、防护教育	引起学生的重视	师生互动、检查	讲解	图片	使用设备的安全性
15min	课程导入	激发学生的学习兴趣	布置任务、下发任务单、提出问题	项目教学引导文	图片、工具、材料	分组应合理，任务恰当，问题难易适当
20min	学生自主学习	学生主动积极参与讨论及团队合作精神培养	根据提出的任务单及问题进行讨论、确定方案	项目教学、小组讨论	教材、材料、卡片	理论知识准备
15min	演示	教师提问、学生回答	工具、设备的使用，规范的应用	课堂对话	设备、工具、施工规范	注重引导学生，激发学生的积极性
30min	模仿（教师指导）	组织项目实施，加强学生动手能力	学生在实训基地完成设备的实际操作	个人完成、小组合作	设备、工具、施工规范	注意规范的使用
135min	自己做	加强学生动手能力	学生分组完成施工机械的布置任务	小组合作	设备、工具、施工规范	注意规范的使用、设备的正确操作
20min	学生自评	自我意识的觉醒，有自己的见解，培养沟通、交流能力	检查操作过程，数据书写，规范应用的正确性	小组合作	施工规范、学生工作记录	学生检查的流程及态度
25min	学生汇报、教师评价、总结	学生汇报总结性报告，教师给予肯定或指正	每组代表展示实操成果并小结，教师点评与总结	项目教学、学生汇报、小组合作	投影、白板	注意对学生的表扬与鼓励

1.2.1.2 实训准备

1. 知识准备

（1）扣件式钢管脚手架组成。扣件式钢管脚手架是由许多钢管杆件用扣件连接而成，适用于多种外形形状的房屋建筑和构筑物，安全性好，节约木材，如图 1.1～图 1.3 所示。杆件式钢管除用作搭设脚手架外，还可用以搭设井架、上料平台和栈桥等；但也存在着扣件（尤以其中的螺杆、螺母）易丢易损、螺栓上紧程度差异较大、节点在力作用线之间有偏心或交汇距离等缺点。扣件式钢管脚手架的主要部件组成如下：

1）扣件。是钢管与钢管之间的连接件，有可锻铸铁扣件和钢板建筑扣件两种，其基本形式有三种：

a. 直角扣件用于两根垂直相交钢管的连接，依靠扣件与钢管表面间的摩擦力来传递荷载；

b. 回转扣件用于两根任意角度相交钢管的连接；

c. 对接扣件用于两根钢管对接接长的连接。

2）钢管。一般采用直径 48mm×3.5mm 钢管或无缝钢管，也可用外径为 50～51mm、壁厚 3～4mm 的焊接钢管。根据钢管在脚手架中的位置和作用不同，钢管可分为立杆、纵向水平杆、横向水平杆、连墙杆、剪刀撑、水平斜拉杆等，其作用如下：

a. 立杆。平行于建筑物并垂直于地面，是把脚手架荷载传递给基础的受力杆件。

b. 纵向水平杆。平行于建筑物并在纵向水平连接各立杆，是承受并传递荷载给立杆的受力杆件。

c. 横向水平杆。垂直于建筑物并在横向水平连接内、外排立杆，是承受并传递荷载给立杆的受力杆件。

d. 剪刀撑。设在脚手架外侧面并与墙面平行的十字交叉斜杆，可增强脚手架的纵向刚度。

e. 连墙杆。连接脚手架与建筑物，是既要承受并传递荷载，又可防止脚手架横向失稳的受力杆件。

f. 水平斜拉杆。设在有连墙杆的脚手架内、外排立杆间的步架平面内的"之"字形斜杆，可增强脚手架的横向刚度。

g. 纵向水平扫地杆。连接立杆下端，是距底座下方 200mm 处的纵向水平杆，起约束立杆底端在纵向发生位移的作用。

h. 横向水平扫地杆。连接立杆下端，是位于纵向水平扫地杆上方处的横向水平杆，起约束立杆底端在横向发生位移的作用。

3）底座。设在立杆下端，是用于承受并传递立杆荷载给地基的配件。底座可用钢管与钢板焊接，也可用铸铁制成。

（2）搭设要求。按《建筑施工扣件式钢管脚手架安全技术规范》（JGJ 130—2011）执行。

2. 实训案例

某学校××教学楼已完成地面上的主体工程，其中某教室东面墙长 4m，现要求搭设该面墙体一层楼高的外脚手架。

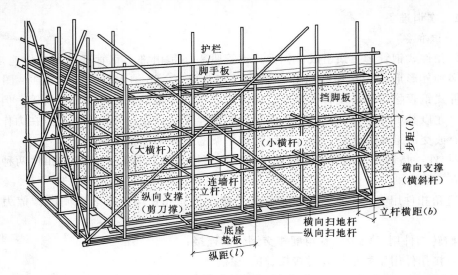

图 1.1 扣件式钢管脚手架组成

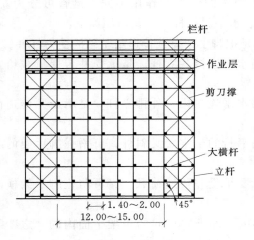

图 1.2 扣件式钢管脚手架
立面图（单位：m）

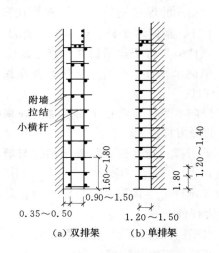

图 1.3 扣件式钢管脚手架
剖面图（单位：m）

3. 设备工具准备

准备型材切割机、磨光机、扳手、钢丝钳、钢锯、钉锤、铁锹、锄头等设备工具。

4. 材料准备

实训每一小组（每一实训工位）需用材料见表1.2。

表 1.2   每实训小组需用材料一览表

材料名称	规 格	数量	备注
钢管	直径为 48mm、壁厚为 3~3.5mm 的热轧无缝钢管	120m	
直角扣件	国标	100 个	

续表

材料名称	规　格	数量	备注
对接扣件	国标	50 个	
回转扣件	国标	20 个	
底座	ϕ40 钢管和 4~5mm 厚钢板	20 个	
脚手板	竹、木或钢脚手板	20 块	

1.2.1.3　实训步骤

（1）以小组为单位熟悉扣件式钢管脚手架的理论知识，研读《建筑施工扣件式钢管脚手架安全技术规范》（JGJ 130—2011）和案例。

（2）计算案例中的脚手架搭设材料用量。

（3）在 A4 纸上绘制脚手架施工图。

（4）实训施工准备：

1）清除搭设范围内的障碍物，平整场地，夯实基土，做好现场排水工作。

2）根据实训场地范围及脚手架尺寸，确定脚手架搭设方案。

3）确定立杆、纵向水平杆、横向水平杆、剪刀撑等所采用的钢管。

4）配备好扳手、钢丝钳、钢锯、挪头、铁锹、锄头等工具。

5）对钢管、扣件、脚手板等架料进行检查验收，不合格产品不得使用；经检验合格的构配件按品种、规格分类，堆放整齐。堆放场地不得有积水。

（5）按脚手架施工图搭设脚手架：

1）定位和安铺垫板、底座。

2）竖立杆和安放扫地杆。

3）安放纵向水平杆和横向水平杆。

4）设抛撑。

5）安装剪刀撑。

（6）脚手架质量检查，小组自评，小组互评。

（7）脚手架拆除。拆除顺序与搭设顺序相反，即从钢管脚手架的顶端拆起，后搭的先拆，先搭的后拆。其具体拆除顺序：安全网→护身栏→挡脚板→脚手板→横向水平杆→纵向水平杆→立杆→连墙杆→剪刀撑→斜撑→抛撑和扫地杆。

（8）实训工具、材料整理，场地清洁。

1.2.1.4　质量要求

（1）搭设脚手架的材料规格和质量必须符合要求，不能随便使用。

（2）架子要有足够的坚固性和稳定性，应防止脚手架摇晃、倾斜、沉陷或倒塌

（3）脚手板要铺稳、铺满，不得有探头板。

（4）脚手架的架杆、配件设置和连接是否齐全，质量是否合格，构造是否符合要求，连接和挂扣是否紧固可靠。

（5）脚手架的垂直度与水平度的偏差是否符合要求。

（6）任务单填写完整、内容准确、书写规范。

（7）各小组自评要有书面材料，小组互评要实事求是。

1.2.1.5　学生实训任务单

学生实训任务单见表 1.3～表 1.5。

表 1.3　　　　　　　　　　　　　　　脚手架尺寸确定实训任务单

序号	规　格	尺　寸	搭设草图
1	立杆纵向间距		
2	立杆横向间距		
3	纵向水平杆步距		
4	横向水平杆间距		

表 1.4　　　　　　　　　　　　　　　脚手架材料用量计算

序号	规　格	长　度	数　量
1	立杆		
2	纵向水平杆		
3	横向水平杆		
4	剪刀撑		
5	直角扣件		
6	旋转扣件		
7	对接扣件		

表 1.5　　　　　　　　　　　　　　扣件式钢管脚手架搭设实训考核表

姓名：	班级：	指导教师：		总成绩：
相关知识			评分权重10%	成绩：
1. 脚手架的作用				
2. 脚手架的分类				
3. 扣件式钢管脚手架有哪些配件？				
实训知识			评分权重25%	成绩：
1. 记录扣件式钢管脚手架搭设的工具				
2. 记录扣件式钢管脚手架搭设的材料				
3. 场地的准备工作要点				
4. 脚手架搭设的工艺顺序				
5. 脚手架拆除顺序				

续表

考核验收				评分权重 55%	成绩：	
	项　目	考核要求	检验方法	验收记录	分值	得分
1	工作程序	正确的搭、拆程序	巡查		5	
2	脚手架尺寸计算实训任务单（表1.3）填写	正确	检查		10	
3	脚手架材料用量计算实训任务单（表1.4）填写	正确	检查		10	
4	坚固性	脚手架无过大摇晃	观察、检查		10	
5	立杆垂直度	±7mm	吊线和钢尺		10	
6	间距	步距：±20mm 柱距：±50mm 排距：±20mm	用钢尺检查		10	
7	纵向水平杆高差	一根杆两端：±20mm 同跨度内、外纵向水平杆高差：±10mm	用水平仪或水平尺检查		10	
8	扣件安装	主节点处各扣件中心点相互距离：Δ=150mm	用钢尺检查		10	
9	扣件螺栓拧紧扭力矩	40~65N·m	扭力扳手		5	
10	安全施工	安全设施到位 没有危险动作	巡查		10	
11	文明施工 施工进度	工具完好、场地整洁 按时完成	巡查		5	
12	团队精神 工作态度	分工协作 人人参与	巡查		5	

实训质量检验记录及原因分析		评分权重5%	成绩：
实训质量检验记录	质量问题分析	防治措施建议	

实训心得	评分权重5%	成绩：

1.2.2 项目二：组合钢模板搭设

1.2.2.1 教师教学指导参考（教学进程表）

教学进程见表 1.6。

表 1.6   **组合钢模板搭设教学进程表**

学习任务		组合钢模板搭设实训				
教学时间/学时		12		适用年级		综合实训
教学目标	知识目标	熟悉模板的组成与构造，掌握模板的安装和拆除施工工艺；熟悉模板安装的安全技术要求				
	技能目标	能计算模板搭设材料及工具的用量，编制材料需用量计划，正确进行模板安装材料、工具、场地的准备工作；了解模板工程的质量通病，能分析其原因并提出相应的防治措施和解决办法				
	情感目标	养成严谨的工作作风；做到安全施工、文明施工				
教学过程设计						
时间	教学流程	教学法视角	教学活动	教学方法	媒介	重点
10min	安全、防护教育	引起学生的重视	师生互动、检查	讲解	图片	使用工具的安全性
15min	课程导入	激发学生的学习兴趣	布置任务、下发任务单、提出问题	项目教学引导文	图片、工具、材料	分组应合理，任务恰当，问题难易适当
20min	学生自主学习	学生主动积极参与讨论及团队合作精神培养	根据提出的任务单及问题进行讨论、确定方案	项目教学、小组讨论	教材、材料、卡片	理论知识准备
15min	演示	教师提问、学生回答	工具、设备的使用；规范的应用	课堂对话	材料、工具、施工规范	注重引导学生，激发学生的积极性
30min	模仿（教师指导）	组织项目实施，加强学生动手能力	学生在实训基地完成设备的实际操作	个人完成、小组合作	材料、工具、施工规范	注意规范的使用
360min	自己做	加强学生动手能力	学生分组完成施工机械的布置任务	小组合作	材料、工具、施工规范	注意规范的使用、设备的正确操作
25min	学生自评	自我意识的觉醒，有自己的见解，培养沟通、交流能力	检查操作过程，数据书写，规范应用的正确性	小组合作	施工规范、学生工作记录	学生检查的流程及态度
65min	学生汇报、教师评价、总结	学生汇报总结性报告，教师给予肯定或指正	每组代表展示实操成果并小结，教师点评与总结	项目教学、学生汇报、小组合作	投影、白板	注意对学生的表扬与鼓励

1.2.2.2 实训准备

1. 知识准备

（1）模板的作用。在现代建筑工程施工过程中，钢筋混凝土工程是一项不可缺少的重要组成部分，现浇钢筋混凝土工程施工由钢筋工程、模板工程和混凝土工程三部分组成，而其中模板工程是建筑工程施工的一个重要项目，是混凝土结构工程施工的重要

10

工具。模板工程是为满足各类混凝土结构工程成型要求的模板面板及其支撑体系（支架）的总称，模板是新浇混凝土结构或构件成型的模型，使硬化后的混凝土具有设计要求的形状和尺寸；支撑部分是保证模板的形状和位置，并承受模板和新浇混凝土的重量及施工荷载。

模板工程的拆装时间约占总施工周期的 35%，对施工进度有控制作用，模板工序在许多情况下是施工网络图中的关键路线，模板拆装作业往往是控制性工序之一，直接影响工程进度；模板工程的造价约占钢筋混凝土工程总造价的 5%～10%，用工量占总用量的 10%～20%；模板工程对保证混凝土外观几何尺寸、外观质量起着决定性作用。

模板对混凝土的主要作用有以下几点：

支撑作用：支撑混凝土的重量、流态、混凝土侧压力及其他施工荷载。

成型作用：使新浇的混凝土凝固成型，保证结构物的设计形状、尺寸和相对位置的正确。

保护作用：使混凝土在较好的温湿条件下凝固硬化，减轻外界气温的有害影响。

（2）模板的分类：

1）按制作材料。工程实践证明，在混凝土浇筑成型的施工过程中，很多材料都可以作为制作模板的材料，目前常见的有：

a. 木模板。木模板选用的木材主要为红松、白松、落叶松和杉木。木模板的基本元件为拼板，由板条与拼条钉成。板条的厚度一般为 25～50mm，宽度不宜大于 200mm，以免受潮翘曲。木模板由于重复利用率低，成本高，在施工中应尽量少用。

b. 组合钢模板。由钢模板和配件两大部分组成。钢模板的肋高为 55mm，宽度、长度和孔距采用模数制设计。钢模板经专用设备轧制成型并焊接，采用配套的通用配件，能组合拼装成不同尺寸的板面和整体模架。组合钢模板包括宽度为 100～300mm，长度为 450～1500mm 的组合小钢模；宽度为 350～600mm、长度为 450～1800mm 的组合宽面钢模板和宽度为 750～1200mm、长度为 450～2100mm 的组合轻型大钢模。配件包括连接件和支承件。组合钢模板具有组装灵活、通用性强、安装工效高等优点，在使用和管理良好的情况下，周转使用次数可达 100 次。

c. 塑料模板。塑料模板是随着钢筋混凝土预应力现浇密肋楼盖的出现而创制出来的，其形状如一个方形大盆，支模时倒扣在支架上，底面朝上，称为塑壳定型模板。在壳模四侧形成十字交叉的楼盖肋梁。这种模板的优点是拆模快，容易周转，不足之处是仅能用在钢筋混凝土结构的楼盖施工中。

d. 胶合板模板。胶合板模板通常由 5、7、9、11 等奇数层单板（薄木板）经热压固化而胶合成型，相邻层的纹理方向相互垂直。胶合板具有幅面大、自重较轻、锯截方便、不翘曲、不开裂、开洞容易等优点，是我国今后具有发展前途的一种新型模板。胶合板常用的幅面尺寸有 915mm×1830mm、1220mm×2440mm 等，厚度为 10mm、12mm、15mm、18mm、21mm 等，表面常覆有树脂面膜。以胶合板为面板，钢框架为背楞，可组装成钢框胶合板模板。

e. 其他模板。20 世纪 80 年代中期以来，现浇结构模板趋向多样化，主要有铝合金模板、玻璃钢模板、压型钢板模板、钢筋混凝土模板等。

2）按施工工艺：

a. 现浇混凝土模板。根据混凝土结构形状不同就地形成的模板，多用于基础、梁、板等现浇混凝土工程。模板支撑系多通过支于地面或基坑侧壁以及对拉的螺栓承受混凝土的竖向和侧向压力。这种模板适应性强，但周转缓慢。

b. 预组装模板。由定型模板分段预组成较大面积的模板及其支撑体系，用起重设备吊运到混凝土浇筑位置，多用于大体积混凝土工程。

c. 大模板。大模板是大型模板与大块模板的简称，是采用专业设计和工业化加工制作的一种工具式模板，一般与支架连在一起，具有安装和拆除方便、尺寸准确、板面整齐、周转使用次数多等优点，主要用于剪力墙结构。

d. 爬升模板。爬升模板是由两段以上固定形状的模板，通过埋设于混凝土结构中的固定件形成模板支撑条件，承受混凝土施工荷载，当混凝土达到一定强度时，拆模上翻，形成新的模板体系。爬升模板多用于变直径的冷却塔、进水塔以及设有滑升设备的高耸混凝土结构工程。

（3）模板支架分类。模板支架现在仍习惯称为脚手架或架子，按其使用材料不同可分为木支架、扣件式钢管支架、碗扣式钢管支架、门式钢管支架。

（4）建筑构件的模板构造：

1）柱、墙模板。柱和墙均为竖向构件，模板工程应能保持自身稳定，并能承受浇筑混凝土时产生的侧向压力。

a. 柱模板。柱模主要由侧模（包括加劲肋）、柱箍、底部固定框、清理孔四个部分组成。柱的断面较小，混凝土浇筑速度快，柱侧模上所受的新浇筑混凝土压力较大，特别要求柱模拼缝严密、底部固定牢靠，柱箍间距适当，并保证其垂直度。此外，对高的柱，为便于浇筑混凝土，沿柱高度每隔 2m 开设浇筑孔。

b. 墙模板。对墙模板的要求与柱模相似，应主要保证其垂直度并能支承新浇筑混凝土的侧压力。墙模板由五个基本部分组成：①侧模（面板）：维持新浇混凝土直至硬化；②内楞：支承侧模；③外楞：支承内楞和加强模板；④斜撑：保证模板垂直和支承施工荷载及风荷载等；⑤对拉螺栓及撑块：混凝土侧压力作用到侧模上时，保持两片侧模间的距离。墙模板的侧模可采用胶合板模板、组合钢模板、钢框胶合板模板等。

2）梁、板模板。梁与板均为横向构件，其模板工程主要承受竖向荷载。现浇混凝土楼面结构多为梁板结构，梁和板的模板通常一块拼装。楼板模板优先采用幅面较大的整张胶合板，以加快模板装拆速度，提高楼面板底面平整度。结合实训室实际条件，也可以采用组合钢模板等。梁和楼板模板的竖向支撑可选用木支柱、可调式钢支柱、扣件式钢管支架以及框式钢支架等。楼板模板的横向支撑主要有小楞、大楞和桁架等。小楞支撑模板，大楞支撑小楞。

（5）组合钢模板搭设：

1）组合钢模板由钢模板（通用模板、专用模板）和配件（连接件、支承件）两大部分组成。

a. 通用模板。用于基础、墙体、梁、柱和板等各种平面部位及转角部位的模板，包括平面模板、阴角模板、阳角模板和连接角模等，如图 1.4 所示。平面模板用于基础、墙体、梁、板、柱等各种结构的平面部位，它由面板和肋组成，肋上设有 U 形卡孔和插销孔，利用 U 形卡和 L 形插销等拼装成大块板。阴角模板用于混凝土构件阴角，如内墙角、水池内角及梁板交接处阴角等。阳角模板主要用于混凝土构件阳角。连接角模用于两块平模板作垂直连接构成 90°阳角。

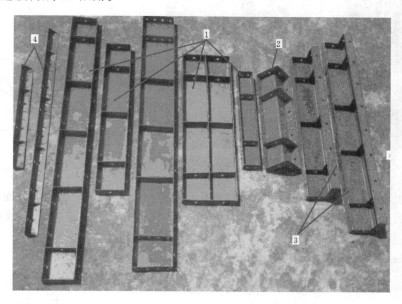

图 1.4

1—平面模板；2—阳角模板；3—阴角模板；4—连接角模；

b. 专用模板。用于建筑物异型结构部位和构筑物结构部位的模板，包括倒棱模板、梁腋模板、柔性模板、搭接模板、可调模板及嵌补模板等。

倒棱模板有角棱模板和圆棱模板两种，倒棱模板的长度与平面模板相同，其中角棱模板的宽度有 17mm、45mm 两种，圆棱模板的半径有 R20、R35 两种。倒棱模板用于柱、梁及墙体等阳角的倒棱部，如图 1.5 所示。

梁腋模板用于暗渠、明渠、沉箱及高架结构等梁腋部位，尺寸有 50mm×150mm 和 50mm×100mm 两种，如图 1.6 所示。

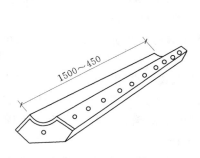
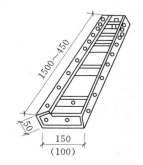

图 1.5 倒棱模板   图 1.6 梁腋模板

柔性模板用于圆形筒壁、曲筒壁、曲面墙体等结构部位，如水利工程中的翼墙等，如图 1.7 所示。

搭接模板用于调节 50mm 以内的拼装模板尺寸，如图 1.8 所示。

图 1.7　柔性模板

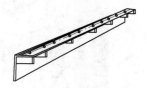

图 1.8　搭接模板

可调模板包括双曲可调模板和角可调模板。双曲可调模板用于构筑物曲面部位，如水利工程中的曲面溢流堰等，如图 1.9 所示。角可调模板用于展开面为扇形或梯形的构筑物的结构部位，如图 1.10 所示。

嵌补模板用于梁、板、墙、柱等结构的接头部位。

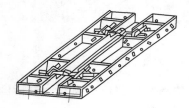

图 1.9　双曲可调模板

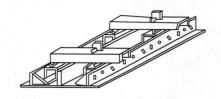

图 1.10　角可调模板

c. 连接件。组合钢模板的连接件包括 U 形卡、L 形插销、钩头螺栓、对拉螺栓、紧固螺栓和扣件等。

U 形卡（亦称 U 形销）主要用于钢模板纵向和横向的自由拼接，将相邻的钢模板加紧固定，用于模板的 U 形卡其间距一般不大于 300mm，一般可每隔一个孔设卡。

L 形插销插入相邻模板端部横肋的插销孔，用于加强钢模板的纵向拼接刚度，确保模板接缝板面的平整，其直径为 12mm，长度一般为 345mm。

钩头螺栓主要用于钢模板与内外龙骨（钢楞）的连接固定，其长度有 205mm 和 180mm 两种，其间距一般不会超过 600mm。

d. 支承件。支承件包括支承墙模板的支承梁（多用钢管和冷弯薄壁型钢）和斜撑、支撑梁、板模板的支撑桁架和顶撑（支架），以及柱箍、钢楞、梁卡具（梁托架）等。

2）组合钢模板施工准备。为使组合式钢模板准确、顺利、安全、牢固地安装在设计位置，在正式安装前，应做好一切施工准备工作。

支撑模板的土壤地面应事先夯实整平，并做好防水、排水设置，准备好支撑模板的垫木。

模板要涂刷脱模剂，但对于凡是结构表面需要进行处理的工程，严禁在模板上刷油类脱模剂，以防止污染混凝土表面。

在模板正式安装前，要向施工班组进行技术交底，并且做好工程样板，经监理和有关人员认可后，才能大面积展开。

安装前，要做好模板的定位基准工作，其工作步骤是：

a. 进行中心线和位置的放线。首先引测建筑的边柱或墙轴线，并以该轴线为起点，引出每条轴线。模板放线时，根据施工图用墨线弹出模板的内边线和中心线，墙模板要弹出模板的边线和外侧控制线，以便于模板安装和校核。

b. 做好模板安装位置标高的测量工作。用水准仪把建筑物水平标高根据实际标高的要求，直接引测到模板安装位置。

c. 进行模板安装位置的找平工作。模板安装的底部应预先找平，以保证模板位置正确，防止模板底部漏浆。常用的找平方法是沿模板边线用 1:3 水泥砂浆抹找平层［图 1.11（a）］。另外，在外墙、外柱部位，继续安装模板前，要设置模板承垫条带［图 1.11（b）］，并校正其平直。

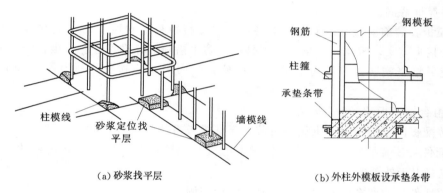

（a）砂浆找平层　　　　　（b）外柱外模板设承垫条带

图 1.11　墙、柱模板找平

d. 设置模板定位的基准。传统的方法是按照构件的断面尺寸，先用同强度等级的细石混凝土浇筑 50～100mm 高的导墙，作为模板定位的基准。另一种做法是采用钢筋定位，即墙体模板可根据结构断面尺寸，切割一定长度的钢筋焊成定位梯子支撑筋，绑（焊）在墙体的两根竖向钢筋上［图 1.12（a）］，起到支撑的作用，间距为 1200mm 左右；柱子模板可在基础和柱子模板上部用钢筋焊成井字形套箍，用来撑住模板并固定竖向钢筋，也可在竖向钢筋靠模板一侧焊一短钢筋，以保持钢筋与模板的位置［图 1.12（b）］。

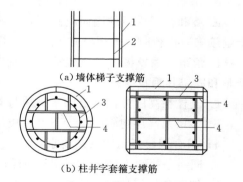

（a）墙体梯子支撑筋

（b）柱井字套箍支撑筋

图 1.12　钢筋定位示意图

1—模板；2—梯形筋；3—箍筋；4—井字支撑筋

e. 按照施工所需要的模板及配件，对其规格、数量和质量逐项清点检查，未经修复的部件不得使用。

f. 采取预组装模板施工时，预组装工作应在组装平台或经夯实的地面上进行，其组装的质量标准应达到表 1.7 中的要求，并按要求逐块进行试吊，试吊后再进行复查，并检查配件的数量、位置和紧固情况，不合格的不得用于工程。

表 1.7   **钢模板施工组装质量标准表**

项 目	允许偏差/mm	项 目	允许偏差/mm
两块模板之间拼接缝隙	≤2.0	组装模板板面长宽尺寸	≤长度和宽度的 1/100，最大±4.0
相邻模板面的高低差	≤2.0	组装模板两条对角线长度差值	≤对角线长度的 1/100，最大≤7.0
组装模板板面平整度	≤2.0（用 2m 长平尺检查）		

g. 经检查合格的模板，应当按照安装程序进行堆放或装车运输。当采用重叠平放形式时，每层模板之间应当加设垫木。为使力的传递垂直，模板和木垫块都应当上下对齐，底层模板应离开地面不小于 10cm。在进行运输时，要避免模板碰撞，防止产生倾倒，应采取措施保证稳固。

h. 模板安装前应做好以下安装准备：梁和楼板模板的支柱支设在土壤地面时，应将地面事先整平夯实，根据土质情况考虑排水或防水措施，并准备柱底垫板；竖向模板的安装底面应平整坚实，并采取可靠的定位措施；竖向模板应按施工设计要求预埋支承锚固件。

3）组合钢模板现场安装规定：

a. 按配板图与施工说明书循序拼装，保证模板系统的整体稳定。

b. 配件必须装插牢固。支柱和斜撑下的支承面应平整垫实，并有足够的受压面积。支撑件应着力于外钢楞。

c. 预埋件与预留孔洞必须位置准确，安设牢固。

d. 基础模板必须支拉牢固，防止变形，侧模斜撑的底部应加设垫木。

e. 墙和柱子模板的底面应找平，下端应与事先做好的定位基准靠紧垫平，在墙、柱上继续安装模板时，模板应有可靠的支承点，其平直度应进行校正。

f. 预组装墙模板吊装就位后，下端应垫平，紧靠定位基准；两侧模板均应利用斜撑调整和固定其垂直度。

g. 支柱在高度方向所设的水平撑与剪力撑，应按构造与整体稳定性布置。

h. 多层及高层建筑中，上下层对应的模板支柱应设置在同一竖向中心线上。

4）组合钢模板工程安装要求：

a. 同一条拼缝上的 U 形卡不宜向同一方向卡紧。

b. 墙两侧模板的对拉螺栓孔应平直相对，穿插螺栓时不得斜拉硬顶。钻孔应采用机具，严禁用电、气焊灼孔。

c. 钢楞宜取用整根杆件，接头应错开设置，搭接长度不应少于 200mm。

5）钢模板工程安装质量检查及验收项目：

a. 钢模板的布局和施工顺序。

b. 连接件、支承件的规格、质量和紧固情况。

c. 支承着力点和模板结构整体稳定性。

d. 模板轴线位置和标志。

e. 竖向模板的垂直度和横向模板的侧向弯曲度。

f. 模板的拼缝度和高低差。

g. 预埋件和预留孔洞的规格数量及固定情况。

h. 扣件规格与对拉螺栓、钢楞的配套和紧固情况。

i. 支柱、斜撑的数量和着力点。

j. 对拉螺栓、钢楞与支柱的间距。

k. 各种预埋件和预留孔洞的固定情况。

l. 模板结构的整体稳定。

m. 有关安全措施。

模板工程验收时，应提供下列文件：

a. 模板工程的施工设计或有关模板排列图和支承系统布置图。

b. 模板工程质量检查记录及验收记录。

c. 模板工程支模的重大问题及处理记录。

6）模板施工安全要求。模板安装时，应切实做好安全工作，应符合以下安全要求：

a. 模板上架设的电线和使用的电动工具，应采用 36V 的低压电源或采取其他有效的安全措施。

b. 登高作业时，各种配件应放在工具箱或工具袋中，严禁放在模板或脚手架上；各种工具应系挂在操作人员身上或放在工具袋内，不得掉落。

c. 高耸建筑施工时，应有防雷击措施。

d. 高空作业人员严禁攀登组合钢模板或脚手架等上下，也不得在高空的墙顶、独立梁及其模板等上面行走。

e. 模板的预留孔洞、电梯井口等处，应加盖或设置防护栏，必要时应在洞口处设置安全网。

f. 装拆模板时，上下应有人接应，随拆随运转，并应把活动部件固定牢靠，严禁堆放在脚手板上和抛掷。

g. 装拆模板时，必须采用稳固的登高工具，高度超过 3.5m 时，必须搭设脚手架。装拆施工时，除操作人员外，下面不得站人。高处作业时，操作人员应挂上安全带。

h. 安装墙、柱模板时，应随时支撑固定，防止倾覆。

i. 预拼装模板的安装，应边就位、边校正、边安设连接件，并加设临时支撑使模板稳固。预拼装模板垂直吊运时应采取两个以上的吊点，水平吊运应采取四个吊点，吊点应作受力计算，合理布置。预拼装模板应整体拆除，拆除时先挂好吊索，然后拆除支撑及拼接两片模板的配件，待模板离开结构表面后再起吊。

j. 拆除承重模板时，必要时应先设立临时支撑，防止突然整块坍落。

7）钢模板拆除及维修工作。

模板拆除程序和方法。混凝土浇筑后经过一段时间的养护，达到一定强度就应拆除模板，这样便于模板周转使用和相邻部位的混凝土施工。钢模板的拆除工作也是混凝土结构施工中的重要工序，如果拆除时间和拆除方法不当，不仅会损坏混凝土结构的表面和棱角，还会造成对钢模板的损伤，因此，在钢模板的拆除过程中，应当注意以下事项：

a. 钢模板拆除的顺序和方法，应当按照模板组装和拆除设计的规定，遵循"先支后拆，先非承重部位、后承重部位、自上而下"的原则。拆除模板时，严禁用大锤和撬棍硬砸硬撬。

b. 当混凝土的强度大于 $1N/mm^2$ 时，先拆除侧面模板；承重模板的拆除，必须等混凝土达到设计规定的强度后才能进行。

c. 组合式的大模板宜大块整体拆除，一般不得再拆开拆除，大模板拆除要配备相应的吊装机械。

d. 钢模板的支承件和连接件应逐渐拆卸，模板应按顺序逐块拆卸传递，拆除过程中不得损伤模板和混凝土。

e. 拆下的钢模板和各种配件，均应分类堆放整齐，附件应放在工具袋内。有条件的单位，对拆下的模板和配件应及时进行维修和保养。

模板拆除工作应由支模人员进行，因为他们对模板的构造和安装顺序比较熟悉，拆起来比较顺手。

拆除的程序：拆除对拉螺栓→拆除支撑钢→脱模吊运→模板清理→涂刷隔离剂→堆放备用。

高处拆组合钢模板，应使用绳索逐块下放，模板连接件、支撑件及时清理，收捡归堆。高空拆模要特别注意安全，必要时，在模板旁边搭设拆模用的脚手架。大型模板拆除时，应先挂好吊钩，后松动锚固螺栓。拆除承重模板，应避免整块突然坍塌，必要时，先设临时支撑。

拆模时间。拆模时间根据结构的特点和混凝土所达到的强度决定。

a. 非承重模板：非承重侧面模板，混凝土强度达到 2.5MPa 以上，能保证混凝土表面及棱角不因拆模而损坏时，才能拆除。一般需 2～7 天，夏天 2～4 天，冬天5～7 天，混凝土表面质量要求高的部位，拆模时间宜晚一点。

b. 承重模板：钢筋混凝土结构的承重模板，混凝土强度达到下列规定值（按混凝土设计强度等级的百分率计算），才能拆除。

悬臂梁、板：跨度不大于 2m，70%；跨度＞2m，100%。

其他梁、板、拱：跨度不大于 2m，50%；跨度 2～8m，70%；跨度大于 8m，100%。

洞顶拱：当隧洞围岩稳定，顶拱混凝土强度达到设计强度等级的 40%～50% 时，顶拱模板才能拆除。在有计算及实验论证的情况下，拆模时间可适当提前。

如果需要预先估计模板拆模时间，可参考表 1.8。

8）模板维修和保管：

a. 钢模板和配件拆除后，应及时清除黏结的灰浆，对变形和损坏的模板和配件，宜采用机械整形和清理。钢模板及配件修复后的质量标准见表 1.9。

表 1.8 拆模时间估计参考值

按设计强度的百分率计 /%	水泥		硬化时昼夜的平均温度/℃					
	品种	强度等级	5	10	15	20	25	30
			模板拆除期限/d					
50	普通水泥	32.5	12	8	6	5	4	3
		42.5	10	7	6	5	4	3
	矿渣水泥	32.5	21	13	10	8	6	5
		42.5	18	12	10	9	7	6
70	普通水泥	32.5	21	20	14	10	9	7
		42.5	20	14	11	9	7	6
	矿渣水泥	32.5	32	25	18	14	11	9
		42.5	30	21	16	14	12	10
100	普通水泥	32.5	55	45	35	28	21	18
		42.5	50	40	30	28	20	18
	矿渣水泥	32.5	60	50	40	28	24	20
		42.5	60	50	40	28	24	20

表 1.9 钢模板及配件修复后的质量标准

项 目		允许偏差/mm
钢模板	板面平整度	≤2.0
	凸棱直线度	≤1.0
	边肋不直度	不得超过凸棱高度
配件	U 形卡卡口残余变形	≤1.2
	钢楞和支柱不直度	≤L/1000

b. 对暂不使用的钢模板，板面应涂刷脱模剂或防锈油，背面油漆脱落处，应补涂防锈漆，并按规格分类堆放。

c. 维修质量不合格的钢模板和配件不得发放使用。

d. 钢模板宜放在室内或敞棚内。模板的底面应垫离地面 100mm 以上，露天堆放时，地面应平整、坚实，有排水措施，模板底面应垫离地面 200mm 以上，两点距模板两端长度不大于模板长度的 1/6。

e. 配件入库保存时，小件要装箱入袋，大件要整数成垛。

2. 实训案例

(1) 搭设底面积为 2m×2m、台阶高 400mm、柱 600mm×600mm 的独立柱基。

(2) 搭设截面尺寸 400mm×600mm、高 2m 的柱。

(3) 制作截面为 200mm×400mm、长为 2m 的钢筋混凝土梁模板。

3. 设备工具准备

准备锤子、撬棍、活扳手、水平尺、靠尺、线坠与爬梯等设备工具。

4. 材料准备

（1）定型组合钢模板：长度为 600mm、750mm、900mm、1200mm、1500mm；宽度为 100mm、150mm、200mm、300mm。

（2）连接件：U 形卡、L 形插销、直角扣件、对接扣件、转角扣件、碟形扣件、对拉螺栓、钩头螺栓、紧固螺栓等。

（3）支承件：柱箍、钢管支柱、钢斜撑、木材等。

1.2.2.3 实训步骤

（1）以小组为单位熟悉组合钢模板的理论知识，研读《组合钢模板技术规范》（GB/T 50214—2013）和案例。

（2）完成模板配板设计，计算案例中的模板材料用量，提出材料计划。

（3）在 A4 纸上绘制模板安装施工图，完成模板安装的工作计划。

（4）提出模板实训的工具计划。

（5）实训施工准备：

1）教师对学生的计划进行指导和修正，并指导学生按照计划清点和搬运材料及工具。

2）清除搭设范围内的障碍物，平整场地，夯实基土，做好现场排水工作。

（6）模板安装：

1）基础模板安装：

a. 工艺流程。弹基础位置线→组装模板→模板支撑加固→模板安装检查。

b. 根据基础墨线钉好压脚板，用 U 形卡或联接销子把定型模板扣紧固定。

c. 安装四周龙骨及支撑，并将钢筋位置固定好，复核无误。

2）柱模板安装：

a. 工艺流程。弹柱位置线→抹找平层作定位墩→安装柱模板→安柱箍→安拉杆或斜撑→模板安装检查。

b. 按柱模板设计图的模板位置，由下至上安装模板，模板之间用楔形插销插紧，转角位置用连接角模将两模板连接。

c. 安装柱箍：柱箍可用钢管、型钢等制成，柱箍应根据柱模尺寸、侧压力大小等因素进行设计选择、必要时可增加穿墙螺栓。

d. 安装柱模的拉杆或斜撑：柱模每边的拉杆或顶杆，固定于事先预埋在楼板内的钢筋环上，用花篮螺栓或可调螺栓调节校正模板的垂直度，拉杆或顶杆的支承点要牢固可靠，与地面的夹角不大于 45°。

3）梁模板安装：

a. 工艺流程。弹线→支立柱→调整标高→安装梁底模→绑梁钢筋→安装侧模→模板安装检查。

b. 在柱子上弹出轴线、梁位置线和水平线。

c. 梁支架的排列、间距要符合模板设计和施工方案的规定，一般情况下，采用可调式钢支顶间距为 400～1000mm 不等，具体视龙骨排列而定；采用门架支顶可调上托时，其间距有 600mm、900mm、1800mm 等。

d. 按设计标高调整支柱的标高，然后安装木方或钢龙骨，铺上梁底板，并拉线找平。

当梁底板跨度等于及大于 4m 时，梁底应按设计要求起拱，如设计无要求时，起拱高度为梁跨的 1/1000～3/1000。

e. 支顶之间应设水平拉杆和剪刀撑，其竖向间距不大于 2m，若采用门架支顶，门架之间应用交叉杆联结。若楼层高度超过 3.8m 以上时，要按公司有关规定另行制订顶架搭设方案。

f. 支顶若支承在基土上时，应对基土进行平整夯实，使其满足承载力要求，并加木垫板或混凝土垫块等有效措施，确保混凝土在浇筑过程中不会发生支顶下沉。

g. 梁的两侧模板通过联接模板用 U 形卡或插销与底模连接。

h. 当梁高超过 700mm 时，侧模增加穿梁螺栓。

i. 梁柱头的模板构造应根据工程特点设计和加工。

（7）模板搭设质量检查，小组自评，小组互评。

（8）模板拆除：

1）柱子模板拆除：先拆除斜拉杆或斜支撑，然后拆除柱箍及对拉螺栓，接着拆除连接模板的 U 形卡或插销，然后用撬棍轻轻撬动模板，使模板与混凝土脱离。

2）基础模板拆除：先拆除斜拉杆或斜支撑，再拆除对拉螺栓及纵横龙骨或钢管卡，接着将 U 形卡或插销等附件拆下，然后用撬棍轻轻撬动模板，使模板离开基础，模板逐块堆放。

3）楼板、梁模板拆除：

a. 先将支柱上的可调上托拧松，使托架与模板分离，并让龙骨降至水平拉杆上，接着拆下全部 U 形卡或插销及连接模板的附件，再用钢钎撬动模板，使模板块降下由托架支承，拿下模板和托架，然后拆除水平拉杆及剪刀撑和支柱。

b. 拆除模板时，操作人员应站在安全的地方。

c. 拆除跨度较大的梁下支顶时，应先从跨中开始，分别向两端拆除。

d. 楼层较高，支撑采用双层排架时，先拆上层排架，使龙骨和模板落在底层排架上，待上层模板全部运出后再拆下层排架。

e. 若采用早拆型模板支撑系统时，支顶应在混凝土强度等级达到设计的 100% 方可拆除。

f. 拆下的模板及时清理黏结物，涂刷脱模剂，并分类堆放整齐，拆下的扣件及时集中统一管理。

（9）实训工具、材料整理，场地清洁。

1.2.2.4　质量要求

（1）模板及其支架必须具有足够的强度、刚度和稳定性；其支承部分应有足够的支承面积，如安装在基土上，基土必须坚实，并有排水措施。

（2）模板接缝宽度不得大于 1.5mm。模板表面清理干净并采取防止黏结措施，模板上黏浆和漏涂隔离剂累计面积：墙、板应不大于 $1000cm^2$；柱、梁应不大于 $400cm^2$。

（3）组合钢模板安装的允许偏差应符合表 1.7 规定。

（4）任务单填写完整、内容准确、书写规范。

（5）各小组自评要有书面材料，小组互评要实事求是。

1.2.2.5　学生实训任务单

学生实训任务单见表 1.10～表 1.12。

表 1.10　独立基础模板搭设实训考核表

姓名：		班级：		指导教师：		总成绩：	
相关知识				评分权重15%		成绩：	
1. 模板的作用是什么？							
2. 怎样保证模板的刚度？							
3. 模板质量检验有哪些内容？							
实训知识				评分权重20%		成绩：	
1. 基础模板材料需用量计算结果							
2. 基础模板安装施工图							
3. 模板安装工具							
4. 怎样保证基础模板与柱轴线的对中？							
5. 基础模板拆模的顺序是怎样的？							
考核验收				评分权重55%		成绩：	
	项　目		考核要求	检验方法	验收记录	分值	得分
1	工作程序		正确的搭、拆程序	巡查		10	
2	模板轴线对中		允许偏差±5mm	钢尺检查		10	
3	相邻模板之间的拼接缝隙		<2mm	钢尺检查		10	
4	截面内部尺寸	边长	±4mm	卷尺检查		10	
		对角线	±7mm				
5	相邻模板面高低差		±2mm	2m靠尺或塞尺		10	
6	组装模板的板面平整度		±2mm	2m靠尺或塞尺		10	
7	基础模板的稳固性		稳定	检查		10	
8	安全施工		安全设施到位	巡查		10	
			没有危险动作				
9	文明施工		工具完好、场地整洁	巡查		10	
	施工进度		按时完成				
10	团队精神		分工协作	巡查		10	
	工作态度		人人参与				

续表

实训质量检验记录及原因分析		评分权重5%	成绩：
实训质量检验记录	质量问题分析	防治措施建议	
实训心得		评分权重5%	成绩：

表 1.11   **柱模板搭设实训考核表**

姓名：		班级：		指导教师：		总成绩：	
相关知识				评分权重15%		成绩：	
1. 柱模板体系由哪些构件组成？							
2. 模板清理孔的作用是什么？							
3. 如何防止柱模爆模或过大的膨胀变形？							
实训知识				评分权重20%		成绩：	
1. 柱模板材料需用量计算结果							
2. 柱模板安装施工图							
3. 记录模板安装工具							
4. 记录柱模板安装的材料							
5. 怎样调整柱模的垂直度？							
6. 怎样进行柱模板的定位？							
7. 说明柱模板的安装工序							
考核验收				评分权重55%		成绩：	
	项　目	考核要求		检验方法	验收记录	分值	得分
1	工作程序	正确的搭、拆程序		巡查		10	
2	模板轴线对中	允许偏差±5mm		钢尺检查		10	
3	相邻模板之间的拼接缝隙	＜2mm		钢尺检查		10	

续表

	项 目		考核要求	检验方法	验收记录	分值	得分
4	截面内部尺寸	边长	±4mm	钢尺检查		10	
		对角线	±7mm				
5	相邻模板高低差		±2mm	2m靠尺或塞尺		10	
6	组装模板的板面平整度		±2mm	2m靠尺或塞尺		10	
7	柱模板的稳固性		稳定	检查		10	
8	安全施工		安全设施到位	巡查		10	
			没有危险动作				
9	文明施工		工具完好、场地整洁	巡查		10	
	施工进度		按时完成				
10	团队精神		分工协作	巡查		10	
	工作态度		人人参与				

实训质量检验记录及原因分析		评分权重5%	成绩:
实训质量检验记录	质量问题分析	防治措施建议	

实训心得	评分权重5%	成绩:

表 1.12   **梁模板搭设实训考核表**

姓名:	班级:	指导教师:		总成绩:
相关知识			评分权重15%	成绩:
1. 梁模板体系由哪些构件组成?				
2. 梁模板起拱的作用是什么?				
3. 如何防止梁模爆模或过大的膨胀变形?				
实训知识			评分权重20%	成绩:
1. 梁模板材料需用量计算结果				
2. 梁模板安装施工图				
3. 记录梁模板安装工具				
4. 记录梁模板安装的材料				

续表

5. 怎样调整梁模的平直度？	
6. 怎样进行梁模板的定位？	
7. 说明梁模板的安装工序	

考核验收				评分权重 55%	成绩：	
	项 目	考核要求	检验方法	验收记录	分值	得分
1	工作程序	正确的搭、拆程序	巡查		10	
2	模板轴线对中	允许偏差±5mm	钢尺检查		10	
3	相邻模板之间的拼接缝隙	<2mm	钢尺检查		10	
4	截面内部尺寸 边长	±4mm	钢尺检查		10	
	对角线	±7mm				
5	相邻模板高低差	±2mm	2m靠尺或塞尺		10	
6	组装模板的板面平整度	±2mm	2m靠尺或塞尺		10	
7	梁模板的稳固性	稳定	检查		10	
8	安全施工	安全设施到位 没有危险动作	巡查		10	
9	文明施工	工具完好、场地整洁	巡查		10	
	施工进度	按时完成				
10	团队精神	分工协作	巡查		10	
	工作态度	人人参与				

实训质量检验记录及原因分析		评分权重5%	成绩：
实训质量检验记录	质量问题分析	防治措施建议	

实训心得	评分权重5%	成绩：

1.2.3 项目三：胶合板模板安装

1.2.3.1 教师教学指导参考（教学进程表）

教学进程见表 1.13。

表 1.13 　　　　　　　　　　　胶合板模板安装教学进程表

学习任务		胶合板模板搭设实训				
教学时间/学时		8		适用年级		综合实训
教学目标	知识目标	熟悉胶合板模板特点及分类，掌握胶合板模板的安装和拆除施工工艺；熟悉胶合板模板安装的安全技术要求				
	技能目标	能计算胶合板模板搭设材料及工具的用量，编制材料需用量计划，正确进行模板安装材料、工具、场地的准备工作；了解模板工程的质量通病，能分析其原因并提出相应的防治措施和解决办法				
	情感目标	养成严谨的工作作风；做到安全施工、文明施工				
教学过程设计						
时间	教学流程	教学法视角	教学活动	教学方法	媒介	重点
10min	安全、防护教育	引起学生的重视	师生互动、检查	讲解	图片	使用工具的安全性
15min	课程导入	激发学生的学习兴趣	布置任务、下发任务单、提出问题	项目教学引导文	图片、工具、材料	分组应合理，任务恰当，问题难易适当
20min	学生自主学习	学生主动积极参与讨论及团队合作精神培养	根据提出的任务单及问题进行讨论、确定方案	项目教学、小组讨论	教材、材料、卡片	理论知识准备
15min	演示	教师提问、学生回答	工具、设备的使用；规范的应用	课堂对话	材料、工具、施工规范	注重引导学生，激发学生的积极性
30min	模仿（教师指导）	组织项目实施，加强学生动手能力	学生在实训基地完成设备的实际操作	个人完成、小组合作	材料、工具、施工规范	注意规范的使用
180min	自己做	加强学生动手能力	学生分组完成施工机械的布置任务	小组合作	材料、工具、施工规范	注意规范的使用、设备的正确操作
25min	学生自评	自我意识的觉醒，有自己的见解，培养沟通、交流能力	检查操作过程，数据书写，规范应用的正确性	小组合作	施工规范、学生工作记录	学生检查的流程及态度
65min	学生汇报、教师评价、总结	学生汇报总结性报告，教师给予肯定或指正	每组代表展示实操成果并小结，教师点评与总结	项目教学、学生汇报、小组合作	投影、白板	注意对学生的表扬与鼓励

1.2.3.2 实训准备

1. 知识准备

20 世纪 70 年代以来，模板材料已广泛"以钢代木"，采用钢材和其他面板材料，其构造也向定型化、工具化方向发展。20 世纪 90 年代，由于对混凝土结构表面的质量要求进一步提高，提倡"清水混凝土"。近年来，胶合板以施工便捷、拼装方便、拆后浇筑面光滑、透气性好等特点，在模板工程中得到迅速的发展，尤其是近年发展了框木（竹）胶合板模板，以热轧异型钢为钢框架，以覆膜胶合板（图 1.13）作板面，并加焊若干钢筋肋承托面板的组合式模板。

图 1.13　覆膜胶合板

胶合板模板及其支架系统一般在加工厂或现场木工棚制成元件，然后再在现场拼装。胶合板面板的单张板块大，不易变形，表面覆膜后增加了耐磨和重复使用次数。胶合板有木胶合板和竹胶合板，厚度有 12mm、15mm、18mm 等。但胶合板作为模板也带来重复使用次数不多，造成资源浪费等新的问题。我国于 1981 年在南京金陵饭店高层现浇平板结构施工中首次采用胶合板模板，其优越性第一次被认识，目前在全国各大中城市的高层现浇混凝土结构施工中，胶合板模板已有相当的使用量。

（1）胶合板模板的特点：

1）模板板幅大、自重轻、板面平整，既可减少安装工作量，节省现场人工费用，又可减少混凝土外露表面的装饰及磨去接缝的费用。

2）承载能力大，特别是模板表面经处理后耐磨性更好，能多次重复使用。

3）材质轻，厚 18mm 的木胶合板单位面积质量为 50kg，模板的运输、堆放、使用和管理等都较为方便。

4）保温性能好，能有效防止温度变化过快，冬季施工时有助于混凝土的保温。

5）锯截方便，易加工成各种形状的模板。

6）便于按工程的需要弯曲成型，制作成曲面模板。

7）用于清水混凝土模板最为理想。

（2）胶合板模板的分类：

1）木胶合板模板。混凝土模板常用的木胶合板属具有有高耐气候、耐水性的 I 类胶合板，胶黏剂为酚醛树脂胶黏剂（PF 主要用于室外；主要用阿比东、柳安、桦木、马尾松、云南松、落叶松等树种加工）。木胶合板模板规格见表1.14。

表 1.14　　　　　　　　　　　　　　木胶合板模板规格　　　　　　　　　　　　　　单位：mm

模数制		非模数制		厚度/mm	层数
宽度/mm	长度/mm	宽度/mm	长度/mm		
600	1800	915	1830	12.0	≥5
900	1800	1220	1830	15.0	
1000	2000	915	2135	18.0	≥7
1200	2400	1220	2440	21.0	

2）竹胶合板模板。在我国木材资源有限的情况下以竹材为原料代替木材制作模板成为一种趋势，由于我国竹材资源丰富，而且竹材具有生长快、生产周期短（一般 2～3 年成材）的特点，另外，一般竹材顺纹抗拉强度为 18MPa，为杉木的 2.5 倍，红松的 1.5 倍；横纹抗压强度为 6～8MPa，是杉木的 1.5 倍，红松的 2.5 倍，静弯曲强度为 15～16MPa，因此，制成混凝土模板用竹胶合板，具有收缩率、膨胀率和吸水率低，承载能力大等优点，是一种大有前途的新型建筑模板。根据《竹编胶合板》（GB/T 13123—2003）的规定，竹胶合板的规格见表 1.15 和表 1.16。

表 1.15　　　　　　　　　　　　　　竹胶合板长、宽规格　　　　　　　　　　　　　　单位：mm

长度	宽度	长度	宽度
1830	915	2440	1220
2000	1000	3000	1500
2135	915		

注　引自《竹胶合板模板》（JG/T 156—2004）。

表 1.16　　　　　　　　　　　竹胶合板厚度与层数对应关系参考表

层数	厚度/mm	层数	厚度/mm
2	1.4～2.5	14	11.0～11.8
3	2.4～3.5	15	11.8～12.5
4	3.4～4.5	16	12.5～13.0
5	4.5～5.0	17	13.0～14.0
6	5.0～5.5	18	14.0～14.5
7	5.5～6.0	19	14.5～15.5
8	6.0～6.5	20	15.5～16.2
9	6.5～7.5	21	16.5～17.2
10	7.5～8.2	22	17.5～18.0
11	8.2～9.0	23	18.0～19.5
12	9.0～9.8	24	19.5～20.0
13	9.01～0.8		

我国建筑行业标准对竹胶合板模板的规格尺寸规定见表1.17。

表 1.17　　　　　　　　　　　　　　　竹胶合板模板规格尺寸　　　　　　　　　　　　　单位：mm

长度	宽度	厚度	长度	宽度	厚度
1830	915	9，12，15，18	2135	915	9，12，15，18
1830	1220		2440	1220	
2000	1000		3000	1500	

（3）胶合板模板施工要点及注意事项：

1）施工要点。为了使胶合板板面具有良好的耐碱性、耐水性、耐热性、耐磨性以及脱模性，增加胶合板的重复使用次数，必须选用经过处理的胶合板。未经处理的胶合板（亦称白坯板或素板）可在其表面冷涂刷一层涂料胶（亦称作表层胶），构成保护膜。表层胶的胶种有聚氨酯树脂类、环氧树脂类、酚醛树脂类等。

2）注意事项。经表面处理的胶合板，使用时一般应注意以下几个问题：

a. 模板拆除后，严禁从高处向下扔，以免损伤板面处理层。

b. 脱模后立即清洗板面浮浆，堆放整齐。

c. 胶合板周边涂封边胶，及时清除水泥浆。若在模板拼缝处粘帖纸胶带或水泥袋纸，则易脱模，不损伤胶合板边角。

d. 胶合板板面尽量不钻洞。遇有预留孔洞等用普通板材拼补。现场有修补材料，及时修补，防止损伤面扩大。

（4）胶合板模板的配制要求：

1）应整张直接使用，尽量减少随意锯截，造成胶合板浪费。

2）木胶合板常用厚度一般为12mm或18mm，竹胶合板常用厚度一般为12mm，内、外楞的间距，可随胶合板的厚度，通过设计计算进行调整。

3）支撑系统可以选用钢管脚手架，也可以采用木支撑。采用木支撑时，不得选用脆性、严重扭曲和受潮容易变形的木材。

4）钉子长度应为胶合板厚度的1.5～2.5倍，每块胶合板与木楞相叠处至少钉2个钉子，第二块板的钉子要转向第一块模板方向斜钉，使拼缝严密。

5）配制好的模板应在反面编号并写明规格，分类堆放保管，以免错用。

（5）胶合板模板的配置：

1）柱模板：

a. 根据柱的高度及截面尺寸确定柱模板的下料尺寸。柱模板的高度为结构楼地面至本层梁底或板下施工缝的高度，柱模板的宽度为柱边长与竹胶合板厚度之和。

b. 沿胶合板模板高度方向在其两侧钉截面50mm×50mm木龙骨，具体做法如图1.14所示，当柱模边长不大于500mm，可直接用钢管固定；当柱模边长大于500mm时，在两龙骨之间再放置一根截面为50mm×50mm木龙骨，然后进行固定。

c. 模板用直径48mm、壁厚3.5mm钢管及扣件固定，沿柱高方向第一道设在距楼地面200mm处，以上每隔300～500mm加一道，最上一道距模板顶为200mm。

2）梁模板。根据梁高度及截面尺寸确定梁模板的下料尺寸。梁侧模宽度为梁高度；

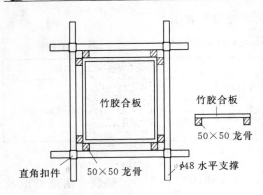

图 1.14　柱胶合板截面示意图

底模宽度为梁宽与 2 倍模板厚度之和；梁模板长度为柱间净尺寸。沿梁的长度方向每 600mm 设一立杆，梁两侧立杆间距为梁底宽度加 400mm，每边距梁侧 200mm；立杆顶部设水平杆间距 600mm，其上设梁底模；梁钢筋绑扎完毕后，支梁侧模，用直径 48mm、壁厚 3.5mm 钢管及扣件搭设竖向支撑及斜撑固定，间距为 600mm，具体做法如图 1.15 所示。

　　3）现浇板模板：

　　a. 根据结构平面布置图，按房间的净空面积对竹胶合板模板进行布置，要综合考虑房间的净尺寸和竹胶合板模板的规格，确保做到物尽其用。布置完毕经复核无误后，画出模板配制图，并对每一块模板进行编号，且要注明实际制作尺寸。

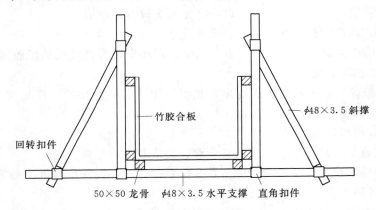

图 1.15　梁胶合板截面示意

　　b. 根据模板配制图，结合楼板混凝土自重遇施工荷载的大小确定支撑方案。一般采用直径 48mm、壁厚 3.5mm 脚手钢管搭设满堂排架支撑，排架立杆纵横支撑间距均为 800mm。水平杆设两道：第一道距地面 20～30cm；第二道与第一道水平杆间距为 1.8m。沿房间的长度方向在立杆顶部加通长横杆，以便铺木龙骨。根据需要在立杆间加设剪刀撑，以提高支撑的整体稳定性。

　　c. 立杆顶部的横杆上铺截面为 50mm×50mm 木龙骨，间距为 300mm，在其上放置胶合板模板。

　　(6) 胶合板模板安装：

　　1）柱模板安装。模板安装完毕，按照要求自下而上用直径 48mm、壁厚 3.5mm 脚手钢管及扣件临时固定，待复核轴线及标高无误后，拧紧扣件的螺栓，经建设、监理单位验收后进行混凝土施工。

　　2）梁和现浇板模板安装：

　　a. 支撑部位安装在基土上时应加设垫板，且基土必须坚实并有排水措施。对湿陷性黄土还须有防水措施；对冻胀性土，尚须有防冻融措施。

b. 采用多层支架支模时，立杆应垂直，上下层立杆在同一条竖向中心线上，各立杆间的水平拉杆和剪刀撑要认真加强。

c. 在柱上弹水平线，并在楼面上弹控制可调支撑位置的十字线，十字线必须从中间向四周排开，将误差集中在边上。

d. 根据支撑方案，按照已弹好的控制线，布设立杆与龙骨，通过调节支撑的高度将水平横杆找平，架设木龙骨。

e. 竹胶合板模板按编号布置完毕后，模板缝隙用塑料胶带贴面，表面刷脱模剂。

（7）胶合板模板拆模。待混凝土强度达到设计要求强度等级标准值时，方可拆模。关键部位如挑梁、悬臂梁等应在试件试压、确认试验合格并报建设单位、监理单位认可后方能拆模。

1）侧模在混凝土强度能够保证其表面及棱角不因拆除模板而损坏后，方可拆除。

2）柱模板应首先拆除钢管扣件及对拉螺栓，然后用撬棒轻敲木龙骨，待竹胶合板模板面与混凝土表面脱离后，方可轻轻撬动模板，以免造成模板变形或边缘破坏。

3）梁和现浇板的模板拆除时，应先拆除剪刀撑，然后拆除扫地杆和斜撑。沿长度方向逐一取下木龙骨，用撬棒轻敲竹胶合板模板，待其与混凝土表面脱离后方可撬动模板。模板应轻轻放下，防止伤人和损坏模板。

（8）胶合板模板的质量要求：

1）模板及支撑必须具有足够的承载力、刚度及稳定性，能可靠地承受现浇混凝土的自重和侧压力，以及在施工过程中产生的荷载。

2）支撑系统及附件要安装牢固，无松动现象，模板应拼缝严密，保证不变形，不漏浆。梁柱接头处应事先做好设计，并固定牢固，严禁乱拼凑。

3）模板要认真刷脱模剂，以保护模板、利于拆模，增加模板周转次数。

2. 实训案例

（1）搭设截面尺寸 400mm×400mm、高 2m 的胶合板柱模板。

（2）制作截面尺寸 200 mm×300mm、长 2m 的胶合板梁模板。

3. 设备工具准备

准备型材切割机、锤子、撬棍、活扳手、电钻、水平尺、靠尺、线坠与爬梯、斧子、木工锯、压刨、手锯、钉锤、钢卷尺、大锤等设备工具。

4. 材料准备

（1）对拉螺栓、钩头螺栓、紧固螺栓等。

（2）支承件：柱箍、钢管支柱、钢斜撑、木材等。

（3）12mm 胶合板、木方、钢管支撑、铁丝、铁钉、钢管、直角扣件、对接扣件、回转扣件、底座。

（4）隔离剂：废机油。

1.2.3.3 实训步骤

（1）以小组为单位熟悉胶合板模板的理论知识，研读案例。

（2）完成胶合板模板配板设计，计算案例中的模板材料用量，提出材料计划。

（3）在 A4 纸上绘制胶合板模板安装施工图，完成模板安装的工作计划。

（4）提出胶合板模板实训的工具计划。

（5）实训施工准备：

1）教师对学生的计划进行指导和修正，并指导学生按照计划清点和搬运材料和工具。

2）清除搭设范围内的障碍物，平整场地，夯实基土，做好现场排水工作。

（6）胶合板模板安装：

1）柱模板。柱子模板安装可按以下顺序：弹线→找平、定位→底框→组装柱模→安装柱箍→安装拉杆或斜撑→校正垂直度→模板预检。

a. 一般工序：放线（用墨斗弹出柱中线和边线）→设置定位基准（根据边线和模板厚度钉柱脚边框，木框应固定在基层上）→第一块模板安装就位→安装支撑→邻侧模板安装就位→连接第二块模板，安装第二块模板支撑→安装第三、四块模板及支撑→调直纠偏→安装柱箍→全面检查校正→柱模群体固定→清除柱模内杂物、封闭清扫口。

b. 如柱模不设清扫口，则必须在模板安装前将基底冲洗干净，不得有浮浆及残渣。

c. 按楼地面放好线的柱位置钉好压脚板再安装柱模板，两垂直向加斜拉顶撑。柱模安完后，应全面复核模板的垂直度、对角线长度差及截面尺寸等项目。柱模板支撑必须牢固，预埋件、预留孔洞不得漏设且必须准确、稳牢。

d. 柱箍的安装应自下而上进行，柱箍应根据柱模尺寸、柱高及侧压力的大小等因素进行设计选择（有木箍、钢箍、钢木箍等），柱箍间距由计算确定，一般为 40～80cm。

e. 柱截面较大时应设置柱中穿心螺栓，由计算确定螺栓的直径、间距。

2）梁模板。梁模板安装可按以下顺序：弹线→钢管支架体系→调整标高→梁底模→梁侧模→夹木→安装拉杆或斜撑→板下大小楞→安装板底模→模板预检。

a. 一般工序：弹出梁轴线及水平线并复核→搭设梁模支架→安装梁底钢（木）楞或梁卡具→安装梁底模板→梁底起拱→安装侧梁模→安装另一侧梁模→安装上下锁口楞、斜撑楞及腰楞和对拉螺栓→复核梁模尺寸、位置→与相邻模板连固。

b. 安装梁模支架之前，首层为土壤地面时应平整夯实，在支柱下脚要铺设垫板，并且上下楼层支柱应在一条直线上。

c. 在柱模板顶部与梁模板连接处预留的缺口处钉衬口档，以便把梁底模板搁置在衬口档上。

d. 先立起靠近柱或墙的梁模支柱，再根据计算确定的支柱间距将梁长度等分，立中间部分支柱，支柱可加可调底座或在底部打入木楔调整标高，支柱中间和下方加横杆或斜杆。

e. 安装梁底模板：底模要求平直，标高正确；若梁的跨度等于或大于 4m，应使梁底模板中部略起拱，防止由于混凝土的重力使跨中下垂。如设计无规定时，起拱高度宜为全跨长度的 1/1000～3/1000。

f. 安装梁侧模板：安装时应将梁侧模板紧靠底模放在支柱顶的小楞上，两头钉于衬口档上，在侧板底外侧铺钉夹木，再钉上斜撑和水平拉条。侧模安装要求垂直并撑牢。若梁高超过 600mm，为抵抗混凝土的侧压力，还应设对拉螺栓加强。

g. 有主次梁时，要待主梁模板安装并校正后才能进行次梁模板安装。

h. 梁模板安装后再拉中线检查、复核各梁模板中心线位置是否正确。

（7）胶合板模板搭设质量检查，小组自评，小组互评。

（8）胶合板模板拆除。

（9）实训工具、材料整理，场地清洁。

1.2.3.4 质量要求

（1）模板与混凝土的接触面应清理干净并涂刷隔离剂。

（2）现浇结构模板安装的偏差应符合表 1.18 的规定。

表 1.18　　　　　　　　现浇结构模板安装的允许偏差及检验方法

项　　目		允许偏差/mm	检验方法
轴线位置		5	钢尺检查
底模上表面标高		±5	水准仪或拉线、钢尺检查
截面内部尺寸	基础	±10	钢尺检查
	柱、梁	+4，−5	钢尺检查
层高垂直度	≤5m	6	经纬仪或吊线、钢尺检查
	>5m	8	经纬仪或吊线、钢尺检查
相邻两板表面高低差		2	钢尺检查
表面平整度		5	2m 靠尺和塞尺检查

注　检查轴线位置时，应沿纵、横两个方向测量，取其中的较大值。

（3）任务单填写完整、内容准确、书写规范。

（4）各小组自评要有书面材料，小组互评要实事求是。

1.2.3.5 学生实训任务单

学生实训任务单见表 1.19、表 1.20。

表 1.19　　　　　　　　胶合板柱模板实训考核表

姓名：	班级：		指导教师：		总成绩：	
相关知识			评分权重15%		成绩：	
1. 胶合板模板特点及分类						
2. 胶合板模板的配制要求						
3. 胶合板模板质量检验有哪些内容？						
实训知识			评分权重20%		成绩：	
1. 胶合板柱模板材料需用量计算结果						
2. 胶合板柱模板安装施工图						
3. 胶合板模板安装工具						
4. 胶合板柱模板拆除要点						
考核验收			评分权重 55%	成绩：		
	项　　目	考核要求	检验方法	验收记录	分值	得分
1	工作程序	正确的搭、拆程序	巡查		5	
2	轴线位置	允许偏差±5mm	钢尺检查		10	

	项　目		考核要求	检验方法	验收记录	分值	得分
3	相邻模板高低差		允许偏差±2mm	钢尺检查		10	
4	截面内部尺寸	边长	±4mm	钢尺检查		10	
		对角线					
5	表面平整度		±5mm	2m靠尺或塞尺检查		10	
6	模板的稳固性		稳定	检查		10	
7	模板拼缝		严密	检查		10	
8	层高垂直度		±6mm	经纬仪或吊线、钢尺检查		10	
9	安全施工		安全设施到位	巡查		10	
			没有危险动作				
10	文明施工		工具完好、场地整洁	巡查		10	
	施工进度		按时完成				
11	团队精神		分工协作	巡查		5	
	工作态度		人人参与				
实训质量检验记录及原因分析					评分权重5%	成绩：	
实训质量检验记录				质量问题分析	防治措施建议		
实训心得					评分权重5%	成绩：	

表 1. 20　　　　　　　　　　胶合板梁模板实训考核表

姓名：		班级：		指导教师：		总成绩：	
相关知识				评分权重10%		成绩：	
1. 胶合板模板施工要点							
2. 胶合板梁模板的质量检验有哪些内容？							
实训知识				评分权重20%		成绩：	
1. 胶合板梁模板材料需用量计算结果							
2. 胶合板梁模板安装施工图							
3. 胶合板梁模板安装工具							
4. 胶合板梁模板拆除要点							

续表

考核验收			评分权重 60%	成绩:		
	项 目	考核要求	检验方法	验收记录	分值	得分
1	工作程序	正确的搭、拆程序	巡查		5	
2	轴线位置	允许偏差±5mm	钢尺检查		10	
3	相邻模板高低差	允许偏差±2mm	钢尺检查		10	
4	截面内部尺寸 边长	±5mm	钢尺检查		10	
	对角线					
5	表面平整度	±5mm	2m靠尺或塞尺检查		10	
6	模板的稳固性	稳定	检查		10	
7	模板拼缝	严密	检查		10	
8	层高垂直度	±6mm	经纬仪或吊线、钢尺检查		10	
9	安全施工	安全设施到位	巡查		10	
		没有危险动作				
10	文明施工	工具完好、场地整洁	巡查		10	
	施工进度	按时完成				
11	团队精神	分工协作	巡查		5	
	工作态度	人人参与				
实训质量检验记录及原因分析				评分权重5%	成绩:	
实训质量检验记录		质量问题分析		防治措施建议		
实训心得				评分权重5%	成绩:	

单元 2 钢筋工及现场管理实训

2.1 概 述

钢筋加工是工程施工中不可缺少的一环，同时也是保证工程质量的基础环节。生产施工中，从事钢筋加工的作业人员，必须熟知钢筋加工的基本知识，才能按照标准加工钢筋，以满足设计要求，保证工程质量。

通过钢筋工实训，使学生掌握识图和建筑构造的基本知识，看懂钢筋混凝土部分分项施工图、钢筋配料单和钢筋实验报告单，能按设计要求进行钢筋翻样、配料、调直、除锈、下料、成型、连接安装等工作。

2.1.1 实训目标

（1）具备基本的识图能力，熟练识读钢筋混凝土结构施工图、钢筋配料单和钢筋实验报告单。

（2）了解钢筋的品种、规格、性能、技术质量要求。

（3）熟悉本工种常用工具、设备的种类、性能、用途和维护方法。

（4）熟悉钢筋运输装卸和堆放保管。

（5）掌握钢筋的除锈、调直、下斜、切断、弯曲操作，配置一般弯起钢筋和箍筋。

（6）掌握钢筋配置、绑扎的操作程序以及搭接、弯钩倍数的规定和受弯后的延伸长度。

（7）掌握绑扎和点焊的操作方法与要求，主、副筋的绑扎次序和有关规定。

（8）掌握钢筋在一般混凝土结构中的作用、混凝土保护层厚度、接头部位的知识。

（9）掌握钢筋冷加工的作用及操作方法。

（10）掌握钢筋连接的常识和连接接头的规定。

（11）掌握本工种安全技术操作规程、施工验收规范和质量评定标准。

2.1.2 实训重点

（1）钢筋混凝土构件配筋图的识读，钢筋下料长度计算，编制配料单、料牌。

（2）钢筋进场验收与管理。

（3）钢筋加工工艺与连接。

（4）钢筋绑扎与安装。

2.1.3 教学建议

钢筋工技能训练是中等职业学校工民建专业的一项重要实训教学内容，这项技能是学生今后在建筑企业从事质检员、施工员等基层管理工作所必须掌握的一项基本技能。技能教学不同于理论教学，它注重的是实践操作，如钢筋的切断、弯曲、绑扎等工序操作。在实训过程中，老师要充分发挥学生的主观能动性，放手让学生大胆地去实践和探究，学生通过实践增长知识，培养团队精神，体验成功的喜悦，提高学习兴趣。要实现这样的目标，教学方法是关键，项目教学法能适应钢筋技能教学的特点，能帮助我们实现预定的教学目标。

2.1.4　实训条件及注意事项

1. 场地准备

学校应配备场地面积较宽敞的钢筋工实训场地，按每次单班进行分组实训，4～5人一组，每班10组。

2. 材料准备

受力筋：HRB335，规格、数量按具体实训任务准备，需具备全套合格证明文件。

分布筋：HPB235，规格、数量按具体实训任务准备，需具备全套合格证明文件。

扎丝：20号或22号，长15～25cm，轧制成把。

扎钩：每组4把，绑扎安装时使用。

配料单：16K纸张，实训期间学生独立完成下料计算并填写。

料牌：区别不同构件和编号钢筋的标志，实训钢筋加工的依据。

计算器：学生自备，下料计算用。

根据不同实训项目，老师协助学生做好材料准备。

3. 机具准备

调直：绞磨、铁砧、铁锤、调直机。

除锈：钢丝刷、麻袋沙包、沙盘、电动除锈机。

画线：粉笔。

切断：断线钳、切断机。

弯曲：工作台、手摇扳、卡盘、弯曲机。

绑扎：扎钩、小撬棍、绑扎架、起拱扳子。

焊接：闪光对焊机、弧焊机、电焊机、电渣压力焊机。

装备：安全帽、工作服、帆布手套。

其他：卷尺、下料单、料牌。

4. 工具和材料使用注意事项

(1) 实训中应加强材料管理，做好工具、机械的养护和维修。

(2) 节约材料，爱惜工具设备，环保低碳贯穿于整个实训中。

(3) 钢筋原材料质量要符合规范规定，并将质量保证文件下发每个小组。

(4) 操作结束后整理工具并放回原位。

5. 施工操作注意事项

(1) 钢材、半成品等应规格、品种分别堆放整齐，制作场地要平整，工作台要稳固，照明灯具必须加网罩。

(2) 拉直钢筋，卡头要卡牢，地锚要结实牢固，拉筋2m区域内禁止行人。按调直钢筋的直径，选用适当的调直块及传动速度，经调试合格，方可送料，送料前应将不直的料头切去。

（3）展开圆盘钢筋要一头卡牢，防止回弹，切断时要先用脚踩紧。

（4）人工断料，工具必须牢固。拿錾子和打锤要站成斜角，注意扔锤区域内的人和物体。切断小于 30cm 的短钢筋，应用钳子夹牢，禁止用手把扶，并在外侧设置防护笼罩。

（5）多人合运钢筋，起、落、转、停动作要一致，人工上下传送不得在同一垂直线上。钢筋堆放要分散、稳当，防止塌落。

（6）在高空、深坑绑扎钢筋和安装骨架，须搭设脚手架和马道。绑扎立柱、墙体钢筋，不准站在钢筋骨架上和攀登骨架上下。柱高在 4m 以内，重量不大，可在地面或楼面上绑扎；整体柱高在 4m 以上，应搭设工作台。柱梁骨架应用临时支撑拉牢，以防倒塌。

（7）绑扎基础钢筋时，应按施工设计规定摆放钢筋支架或马凳，架起上部钢筋，不得任意减少支架或马凳。

（8）绑扎高层建筑的圈梁、挑檐、外墙、柱边钢筋，应搭设外挂架或安全网。绑扎时挂好安全带。

（9）起吊钢筋骨架，下方禁止站人，必须待架降落到离地面 1m 以内方准靠近，就位支撑好方可摘钩。

（10）冷拉卷扬机前应设置防护挡板，没有挡板时，应使卷扬机与冷拉方向成 90°，并且应用封闭式导向滑轮。操作时要站在防护挡板后，冷拉场地不准站人和通行。

（11）冷拉钢筋要上好夹具，离开后再发开车信号。

（12）冷拉和张拉钢筋要严格按照规定的应力和伸长率进行，不得随便变更。不论拉伸或放松钢筋都应缓慢均匀，发现油泵、千斤顶、销卡具有异常，应立即停止张拉。

（13）张拉钢筋，两端应设置防护挡板。钢筋张拉后要加以防护，禁止压重物或在上面行走。浇灌混凝土时，要防止振捣器冲击预应力钢筋。

（14）张拉千斤顶支脚必须与构件对准，放置平正，测量拉伸长度、加楔和拧紧螺栓前应先停止拉伸，并站在两侧操作，防止钢筋断裂，回弹伤人。

（15）同一构件有预应力和非预应力钢筋时，预应力钢筋应分二次张拉，第一次拉至控制应力的 70%～80%，待非预应力钢筋绑好后再张拉到规定应力值。

（16）机械运转正常方准断料。断料时，手与刀口距离不得少于 15cm，活动刀片前进时禁止送料。

（17）切断钢筋刀口不得超过机械负载能力，切低合金钢等特种钢筋要用高硬度刀件。

（18）切长钢筋应有专人扶住，操作时动作要一致，不得任意拖拉。切短钢筋须用套管或钳子夹料，不得用手直接送料。

（19）切断机旁应设放料台，机械运转中严禁用手直接清除刀口附近的断头和杂物。钢筋摆放范围内，非操作人员不得停留。

（20）钢筋机械上不准堆放物件，以防机械震动落入机体。

（21）钢筋调直，钢筋装入压滚，手与滚筒应保持一定距离。机器运转中不得调整滚筒。

（22）钢筋调直到末端时，在导向套前部安装 1 根长约 1m 的导向管，以防发生伤人事故。

（23）短于 2m 或直径大于 9mm 的钢筋调直，应低速加工。

（24）钢筋调直，钢筋要紧贴内挡板，注意放入插头的位置和回转方向，不得错开。

（25）弯曲长钢筋时，应有专人扶住，并站在钢筋弯曲方向的外面，互相配合，不得拖拉。

（26）调头弯曲，防止碰撞人和物，更换芯轴、加油和清理，须停机后进行。

（27）钢筋焊接，焊机应设在干燥的地方，平衡牢固，要有可靠的接地装置，导线绝缘良好，并在开关箱内装有防漏电保护的空气开关。

（28）焊接操作时应戴防护眼镜和手套，并站在橡胶板或木板上。工作棚要用防火材料搭设，棚内严禁堆放易燃易爆物品，并备有灭火器材。

（29）对焊机接触器的接触点、电机，要定期检查修理，冷却水管保持畅通，不得漏水和超过规定温度。

（30）钢筋严禁碰、触、钩、压电源电线、电缆。

（31）钢筋机械作业后必须拉闸切断电源，锁好开关箱。

6. 学生操作纪律与安全注意事项

（1）穿实训服，衣服袖口有缩紧带或纽扣，不准穿拖鞋。

（2）留辫子的同学必须把辫子扎在头顶。

（3）作业过程中必须戴手套，木模板加工使用电动机械的操作由教师进行。

（4）实训工作期间不得嘻哈打闹，不得随意玩弄工具。

（5）认真阅读实训指导书，依据实训指导书的内容，明确实训任务。

（6）实训期间要严格遵守工地规章制度和安全操作规程，进入实训场所必须戴安全帽，随时注意安全，防止发生安全事故。

（7）学生实训中要积极主动，遵守纪律，服从实习指导老师的工作安排，要虚心向工人师傅学习，脚踏实地，扎扎实实，深入实训操作，参加具体工作以培养实际工作能力。

（8）遵守实训中心各项规章制度和纪律。

（9）每天写好实训日记，记录施工情况、心得体会、革新建议等。

（10）实训结束前写好实训报告。

2.1.5　实训安排

课程教学实训，任课老师制定实训时间表，教务科（系部）汇总调整，制定学期专业实训课表，下发交由任课教师执行。

（1）班级分组，每组 6 人。

（2）学生进入实训中心，先在实训中心整理队伍，按小组站好，在实训记录册签字，小组长领安全帽、手套，并发放给各位同学。

（3）同学们戴好安全帽，听实训指导教师讲解钢筋工实训过程安排和安全注意事项。

（4）各小组同学按实训项目进行实训材料量的计算，填写领料单，领取材料，堆放到相应工位。

（5）由实训指导教师协调设备运行，并负责安全。

（6）按四步法进行实训教学。

（7）全部实训分项操作结束，实训指导教师进行点评、成绩评定。

（8）每次（每天）实训结束后，同学们将实训项目全部拆除，重复使用材料清理归位。废料清理、操作现场清扫干净。

2.2　实 训 项 目

2.2.1　项目一：阅读钢筋混凝土构件配筋图，计算下料长度，编制钢筋配料单

2.2.1.1　子项目一：阅读钢筋混凝土构件配筋图

2.2.1.1.1　教师教学指导参考（教学进程表）

教学进程见表 2.1。

表 2.1　　　　　　　　　阅读钢筋混凝土构件配筋图教学进程表

学习任务		阅读钢筋混凝土构件配筋图			
教学时间/学时		8	适用年级		综合实训
教学目标	知识目标	1. 熟练识读结构施工图纸； 2. 能提出图中的各种问题； 3. 能提出粗略的施工方案			
	技能目标	1. 学生识读图纸，了解背景项目的结构设计说明； 2. 学生能对照背景项目图纸，认识背景项目对应的实物构件			
	情感目标	通过学生独立完成实训任务，养成严谨的工作作风；小组成员互相协作完成实训项目，培养良好的团队合作精神			
教学过程设计					
序号	实训课程内容	操作步骤	目标要求	标准学时 （不低于）	实际完成课时
1	识图基本知识 （备一套完整的施工图）	1. 从粗到细、从大到小、从整体到局部； 2. 先看建筑图、再看结构图、再看施工图； 3. 各工种图相互联系看； 4. 结合实际看	1. 能看懂中、高层建筑施工图； 2. 能提出图中的各种问题； 3. 能提出粗略的施工方案	8	

2.2.1.1.2　实训准备

1. 知识准备

梁平面注写方式示例（图 2.1）及截面配筋图识读举例（图 2.2）。

由图 2.11 梁平面注写方式示例中的梁集中标注，可知：

该梁编号为框架梁 2，有两跨，一端带悬挑，梁截面尺寸 $b \times h = 300\text{mm} \times 650\text{mm}$；梁内配有 $\Phi8$ 的双肢箍筋，箍筋间距在梁加密区和非加密区分别是 100mm 和 200mm，梁上部通长筋为 $2\Phi25$；梁两侧面腰部配有纵向构造钢筋 $4\Phi10$；该梁顶面标高比该结构层楼面标高低 100mm。

由图 2.2 梁的截面配筋图（详图法）梁原位标注可知：

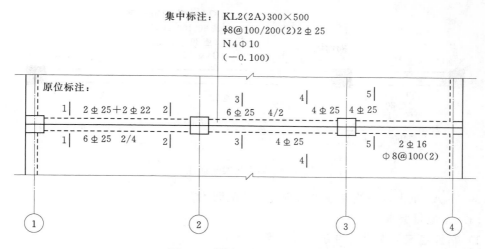

图 2.1　梁平面注写方式示例

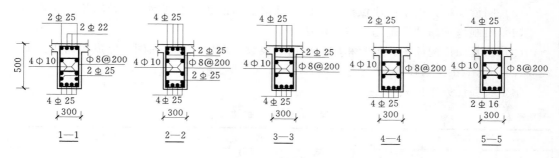

图 2.2　梁的截面配筋图（详图法）

梁上部钢筋：该梁左支座负筋为 2Φ25＋2Φ22，其中 2Φ25 就是集中标注中所指的 2 根梁角部的上部通长筋，2Φ22 是另配的受力筋，该钢筋按《混凝土结构施工图平面整体表示方法制图规则和构造详图》（03G101—1）第 4.4.1 条规定在该跨 Ln/3 处截断；该梁中间支座负筋为 6Φ25，上一排 4 根，下一排 2 根，除位于第一排的两根通长筋外，其余 4 根钢筋在该支座两边均需按照 03G101—1 第 4.4.1 规定截断；该梁右支座负筋为 4Φ25，除两根通长筋外，另外两根Φ25 钢筋的构造是在该支座左边 Ln/3 处截断，在该支座右边全部伸至悬挑端部。

梁下部钢筋：第一跨 6Φ25，上一排 4 根，下一排 2 根；第二跨 4Φ25；悬挑部分 2Φ16。

箍筋：第一跨和第二跨内箍筋按构造要求加密；悬挑部分箍筋全长加密，均配置 Φ8@100双肢箍。

2. 实训案例

某建筑梁平面注写如图 2.3 所示，按要求完成识图实训。

2.2.1.1.3　实训步骤

（1）教师组织学生集中复习平面注写相关知识点，重点讲解答疑。

（2）以小组为单位进行讨论，并独立完成识图相关内容。

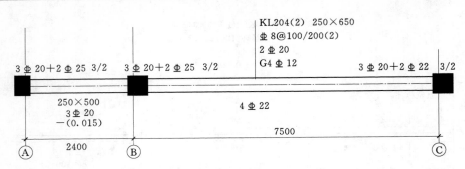

图 2.3 某建筑梁平面注写

(3) 在 A4 纸上逐一绘制该梁内所有钢筋配筋图。

2.2.1.1.4 质量要求

(1) 掌握建筑工程识图的方法和步骤。

(2) 阅读图纸，由梁的集中标注，读写该梁必须标注项目。

(3) 阅读图纸，由梁的原位标注，读写该梁上部钢筋、下部钢筋以及箍筋的配置。

(4) 绘制该梁的截面配筋图（详图法）。

(5) 认真阅读配筋图，填写相应位置钢筋根数、型号，画出简图，完成实训任务单。

2.2.1.1.5 学生实训任务单

学生实训任务单见表 2.2。

表 2.2   梁 内 钢 筋 详 表   成绩：

箍筋	上部通长筋	构造钢筋
支座钢筋（一跨左上部一排）	支座钢筋（一跨左上部二排）	支座钢筋（二跨左上部一排）
支座钢筋（二跨左上部二排）	支座钢筋（二跨右上部一排）	支座钢筋（二跨右上部二排）
下部钢筋（一跨）	下部钢筋（二跨）	拉筋

2.2.1.2 计算下料长度、编制钢筋配料单

2.2.1.2.1 教师教学指导参考（教学进程表）

教学进程见表 2.3。

表 2.3 　　　　　　　　　　　**计算下料长度、编制钢筋配料单教学进程表**

学习任务		阅读钢筋混凝土构件配筋图					
教学时间/学时		16		适用年级		综合实训	
教学目标	知识目标	1. 受力钢筋保护层厚度、搭接长度、斜段钢筋长度计算； 2. 掌握弯折弯曲与弯起钢筋弯曲调整值、箍筋长度等规定； 3. 掌握钢筋工程工程量计算方法					
	技能目标	1. 学生能根据图纸进行各构件钢筋下料计算、填表； 2. 学生会正确制作料牌					
	情感目标	通过学生独立完成实训任务，养成严谨的工作作风；小组成员互相协作完成实训项目，培养良好的团队合作精神					
教学过程设计							
序号	实训课程内容	操作步骤	目标要求			标准学时（不低于）	实际完成课时
1	基本知识	1. 钢筋的分类、识别	能认识各种钢筋			4	
		2. 钢筋的检验	1. 能对钢筋进行外观检查； 2. 能看懂钢筋力学性能报告			4	
		3. 钢筋的保管	1. 保管钢筋的基本知识（仓棚搭设、保管环境、入库建账等）； 2. 按不同等级、牌号、炉号、规格、长度分别挂牌保管			4	
		4. 安全生产常识	1. 正确使用各种机械设备、工器具； 2. 高空作业的安全（试穿安全带）； 3. 操作环境的安全（电源、场地等）； 4. 各工种交叉作业时的安全			4	

2.2.1.2.2　实训准备

1. 知识准备

（1）钢筋的识别。钢筋混凝土构件中所用的钢筋种类随生产条件的不同而有区别，各种常用钢筋的符号见表 2.4，应用符号的表示方法是在符号右侧写出钢筋直径（以 mm 为计量单位），例如 Φ16 表示直径为 16mm 的 II 级钢筋。表中热轧钢筋分四个强度等级。

表 2.4 　　　　　　　　　　　**常 见 钢 筋 符 号 表**

强度等级代号	外形	钢种	公称直径mm	符号（等级）	主要用途	常用材料
HPB235	光圆	低碳钢	8～20	Φ	非预应力	Q235
HRB335	月牙肋	合金钢	6～50	Φ	非预应力、预应力	20MnSi
HR400			6～50	Φ		25MnSi
RRB400			6～50	Φ^R	预应力	40Si2MnV

（2）钢筋的外观检查。钢筋的外观必须予以检查，如表面不得有裂纹、结疤、折叠、分层、夹杂、油污，并不得有超过横肋高度的凸块，钢筋外形尺寸应符合有关规定。钢筋

外观检查每捆（盘）均应进行，外观检查合格后，才能按规定抽取试样做机械性能试验。

（3）钢筋下料长度计算：

1）基本公式：

$$直钢筋下料长度＝构件长度－保护层厚度＋弯钩增加长度$$

$$弯起钢筋下料长度＝直段长度＋斜段长度－弯曲调整值＋弯钩增加长度$$

$$箍筋下料长度＝箍筋周长＋弯钩增加长度－弯曲调整值$$

或
$$箍筋下料长度＝箍筋周长＋箍筋调整值$$

2）弯钩增加长度：Ⅰ级钢筋，180°弯钩增加长度为 6.25d；直钩增加长度为 5.5d，斜弯钩增加长度 12d。

依照各个角度弯曲时，对应的钢筋弯曲调整值见表 2.5。

箍筋调整值依照表 2.6 选取。

表 2.5 钢 筋 弯 曲 调 整 值

钢筋弯曲角度	30°	45°	60°	90°	135°
弯曲调整值	0.35d	0.5d	0.85d	2d	2.5d

表 2.6 箍 筋 调 整 值

受力钢筋直径/mm	箍筋量度方法	箍筋直径/mm				
		5	6	8	10	12
10～25	量外皮尺寸	50	60	70	80	90
	量内皮尺寸	100	120	140	160	180
28～32	量外皮尺寸		80	90	100	110
	量内皮尺寸		160	180	200	220

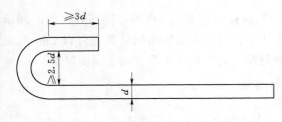

图 2.4　180°弯钩弯曲直径和直线段

（4）钢筋弯钩的要求。钢筋的弯制和末端的弯钩应符合设计要求，钢筋弯钩形式有三种，分别为半圆弯钩、直弯钩及斜弯钩。钢筋弯曲后，弯曲处内皮收缩、外皮延伸、轴线长度不变，弯曲处形成圆弧，弯起后尺寸不大于下料尺寸，应考虑弯曲调整值。钢筋弯心直径为 2.5d，平直部分为 3d。钢筋弯钩增加长度的理论计算值：对半圆弯钩为 6.25d，对直弯钩为 3.5d，对斜弯钩为 4.9d。当设计无要求时，应符合下列规定：

1）所有受拉热轧光圆钢筋的末端应做成 180°的半圆形弯钩，弯钩的弯曲直径不得小于 2.5d，钩端应留有不小于 3d 的直线段，如图 2.4 所示。

2）受拉热轧钢筋，钢筋末端应采用直角形弯钩，钩端的直线段长度不小于 3d，直钩的弯曲直径不小于 5d，如图 2.5 所示。

3）弯起钢筋应弯成平滑曲线，其弯曲半径不小于钢筋直径的 10 倍（光圆钢筋）或 12 倍（带肋钢筋），如图 2.6 所示。

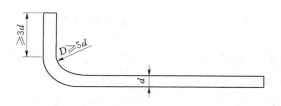

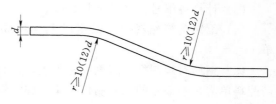

图 2.5　90°弯钩弯曲直径和直线段　　　　　图 2.6　45°弯起弯曲半径和直线段

4）用光圆钢筋制成的箍筋，末端应有弯钩（半圆形、直角或斜弯钩）。弯钩的弯曲内直径大于受力钢筋直径，且不小于箍筋直径的 2.5 倍；弯钩平直段长度，不小于箍筋直径的 5 倍，有抗震要求的不小于箍筋直径的 10 倍。

2．实训案例

某 L_1 梁的配筋图如图 2.7 所示，计算各个钢筋的下料长度，编制钢筋配料单，绘制钢筋料牌，并计算 12 根 L_1 梁的钢筋重量。（钢筋单位长度重量为 $d = 6$，0.222kg/m；$d = 12$，0.888kg/m；$d = 20$，2.47kg/m）。

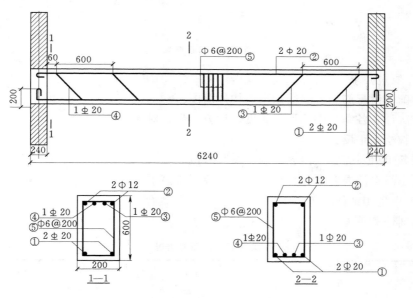

图 2.7　梁钢筋配筋图

3．场地及人员准备

场地为教室，六人一组识图并计算。

4．工具及材料准备

准备计算器及作业纸。

2.2.1.2.3　实训步骤

（1）首先要读懂构件配筋图，掌握有关构造规定。

(2) 绘出各种钢筋简图。凡图纸上设计未注明的，按一般构造要求处理。L₁ 梁的纵筋保护层厚度：梁端梁侧都按 25mm 考虑，弯起钢筋的弯起角取 45°。

(3) 计算各编号钢筋的下料长度。

(4) 编制钢筋配料单。根据以上计算成果，汇总编制完成钢筋配料单（实训任务单 1）。

(5) 钢筋料牌制作。在钢筋施工中，仅有配料单还不够，还要根据列入加工计划的钢筋配料单为每一编号的钢筋制作一块料牌，钢筋加工完毕后将其绑在钢筋上。料牌即作为钢筋加工过程中的依据，又作为在钢筋安装中区别各工程项目、构件和各种钢筋编号的标志。料牌可用 100mm×70mm 的纤维板或较硬的木质三层板等制作，料牌的正面一般写上钢筋所在的工程项目、构件号以及构件数量；料牌的反面应有钢筋编号、简图、直径、钢号、下料长度及合计根数等。通用钢筋料牌形式如图 2.8 所示。

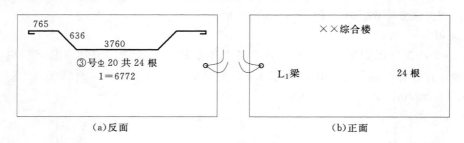

图 2.8　钢筋料牌

2.2.1.2.4　质量要求

(1) 准确识读配筋图，并绘制出各构件简图。

(2) 依次计算各编号钢筋下料长度，计算结果校对无误。

(3) 料牌绘制正反面内容无遗漏。

(4) 任务单填写完整、内容准确、书写规范。

(5) 各小组自评要有书面材料，小组互评要实事求是。

2.2.1.2.5　学生实训任务单

学生实训任务单见表 2.7、表 2.8。

表 2.7　　　　　　　　　　　　钢筋下料实训考核表　　　　　　　　　成绩：

构件名称	钢筋编号	简图	钢号	直径/mm	下料长度/mm	单位根数	合计根数	质量/kg

表 2.8　　　　　　　　　　**钢筋料牌制作考核表**　　　　　　　　成绩：

钢筋编号	正面	反面

2.2.2　项目二：钢筋加工

2.2.2.1　子项目一：钢筋除锈、调直实训

2.2.2.1.1　教师教学指导参考（教学进程表）

教学进程见表 2.9。

表 2.9　　　　　　　　　　**钢筋除锈、调直教学进程表**

学习任务		钢筋除锈、调直		
教学时间/学时		4	适用年级	综合实训
教学目标	知识目标	掌握钢筋锈蚀程度分类，除锈用工具、设备及方法；熟悉钢筋调直的方法及要点		
	技能目标	掌握钢筋的人工调直与机械调直的操作要点，熟练使用人工钢筋调直的工具，熟练掌握钢筋调直机的使用		
	情感目标	通过学生独立完成实训任务，养成严谨的工作作风；小组成员互相协作完成实训项目，培养良好的团队合作精神		
教学过程设计				
实训内容	操 作 步 骤		目标要求	标准学时（不低于）
钢筋除锈	现场人工操作直径 12mm 以下的各种钢筋除锈		钢筋表面无锈斑	1
人工调直钢筋	现场人工操作直径 12mm 以下的各种钢筋调直：先把钢筋放在底盘扳柱间，把有弯的地方对着扳柱，然后用扳手卡口卡住钢筋，扳动扳手就可使钢筋调直		钢筋应平直，无局部曲折或慢弯	1
机械调直钢筋	现场机械操作直径 12mm 以下的各种钢筋调直： (1) 合理选择调直筒、曳引轮槽及传动速度； (2) 盘圆钢筋放入放圈架要平稳，钢筋末端留约 80cm； (3) 各传动部分应定期加油润滑，并设防护罩和挡板； (4) 已调直钢筋分类捆放堆齐，并挂牌		表面不得有明显损伤	2

2.2.2.1.2　实训准备

1. 知识准备

（1）钢筋除锈与堆放。钢筋锈蚀现象随原材料保管条件优劣和存放时间长短而不同，

47

长期处于潮湿环境或堆放于露天场地的，会导致更严重的锈蚀。锈蚀程度可由锈迹分布状况、色泽变化以及钢筋表面平滑或粗糙程度等凭肉眼外观确定，根据锈蚀轻重可分为水锈、陈锈和老锈三种。因此，钢筋原材料应存放在仓库或料棚内，保持地面干燥；钢筋不得堆置在地面上，必须用混凝土墩、砖或垫木垫起，使离地面 200mm 以上；库存期限不得过长，原则上先库存的先使用。

水锈蚀钢筋表面附着较均匀的细粉末，在混凝土中不影响钢筋与混凝土的黏结，因此除了在焊接操作时在焊点附近需擦干净之外，一般可不作处理。陈锈钢筋表面有锈迹较粗的粉末，加工时必须清除。钢筋锈蚀发展到老锈时，锈斑明显，有麻坑，出现起层的片状分离现象，有这种老锈的钢筋使用前应鉴定是否降级使用或另作处理。一般采用手工除锈与机械除锈两种，手工除锈是可用麻袋布或用钢刷子刷，对较粗的钢筋可用砂盘除锈法，即制作钢槽或木槽，槽盘内放置干燥的粗砂和细石子，将有锈的钢筋传进砂盘中来回抽拉。机械除锈时对直径较细的盘条钢筋通过冷拉和调直过程自动去锈；粗钢筋采用圆盘钢丝除锈机除锈。

（2）钢筋调直。钢筋的加工程序：

1）盘圆钢筋：盘钢筋就位→开盘→调直（除锈）→切断→成型→堆放。

2）直条钢筋：直筋就位→（除锈、调直）平直→切断→成型→堆放。

钢筋平直或称钢筋调直、钢筋整直，就是将有弯的钢筋弄直，因为不经过平直的钢筋无法处于预定的位置，不能保证它满足允许偏差的要求，并且也将给安装钢筋和浇灌混凝土造成困难。平直分为手工平直与机械平直两种，对于工程量小、临时性工地加工钢筋的条件下，经常采用手工调直钢筋；机械平直是通过钢筋调直机实现的。

2.用具准备

（1）材料：1～2m 长的 Φ10 钢筋（局部弯折、不直）数根。

（2）设备：工作台、铁砧。

2.2.2.1.3　实训步骤

（1）以小组为单位熟悉钢筋的理论知识。

（2）小组分工，明确自己的工作任务。

（3）钢筋除锈。

（4）将钢筋弯折处放在卡盘上扳柱间，用平头横口扳子将钢筋弯曲处基本扳直；也可以手持直段钢筋处作为力臂，直接将钢筋弯曲处放在扳柱间扳直。

（5）将基本扳直的钢筋放在铁砧上，用锤子将慢弯处敲直。

（6）使用调直机调直钢筋。

（7）调直质量小组自评，小组互评。

（8）整理实训工具、材料，清洁场地。

2.2.2.1.4　质量要求

调直后的钢筋应符合下列要求：

（1）钢筋应平直，无局部弯折，钢筋中心线同直线的偏差不应超过其全长的 1%。

（2）钢筋在调直机上调直后，其表面伤痕不得使钢筋截面面积减少 5% 以上。

（3）如用冷拉方法调直钢筋，则其调直冷拉率不得大于 1%，对于 I 级钢筋，为了能在冷拉调直的同时去除锈皮，冷拉率可加大，但不得大于 2%。

（4）任务单填写完整、内容准确、书写规范。

（5）各小组自评要有书面材料，小组互评要实事求是。

2.2.2.1.5 学生实训任务单

学生实训任务单见表 2.10。

表 2.10　　　　　　　　　钢筋除锈、调直实训考核表

姓名：		班级：		指导教师：		总成绩：		
相关知识					评分权重10%	成绩：		
1. 钢筋加工工序								
2. 钢筋锈蚀程度分类，除锈方法								
实训知识					评分权重10%	成绩：		
1. 记录钢筋除锈工具								
2. 记录钢筋手工调直工具								
3. 钢筋切断机操作要点与安全注意事项								
考核验收					评分权重60%	成绩：		
	项　　目		要求及允许偏差	检验方法	验收记录		分值	得分
1	工作程序		正确的工作程序	检查			10	
2	工作态度		遵守纪律、态度端正	观察、检查			10	
3	钢筋除锈效果		无锈斑	观察、检查			15	
4	人工调直钢筋效果		钢筋应平直，无局部曲折或慢弯	观察、检查			10	
5	人工调直钢筋工具使用		正确	观察、检查			10	
6	机械调直钢筋效果		表面不得有明显损伤	观察、检查			10	
7	钢筋调直机使用		操作正确	观察、检查			15	
8	安全		不出安全事故	巡查			10	
9	文明施工		工具完好、场地整洁	巡查			5	
10	团队精神		分工协作、人人参与	巡查			5	
实训质量检验记录及原因分析					评分权重10%	成绩：		
实训质量检验记录			质量问题分析		防治措施建议			
实训心得					评分权重10%	成绩：		

49

2.2.2.2　子项目二：箍筋加工实训

2.2.2.2.1　教师教学指导参考（教学进程表）

教学进程见表 2.11。

表 2.11　箍筋加工实训教学进程表

学习任务			箍筋加工		
教学时间/学时		6	适用年级		综合实训
教学目标	知识目标	掌握钢筋切断与箍筋弯曲的理论知识，熟悉钢筋切断与箍筋弯曲使用工具、设备及方法			
	技能目标	能根据工作任务，选择使用钢筋加工机械；能熟练掌握钢筋切断、弯曲设备的使用，并遵守安全操作规程要求；熟练使用箍筋加工的工具；能按钢筋加工质量评定标准进行自检、互检，并能指出质量缺陷并分析原因，及时纠正			
	情感目标	通过学生独立完成实训任务，养成严谨的工作作风；小组成员互相协作完成实训项目，培养良好的团队合作精神			
教学过程设计					
序号	实训内容	操 作 步 骤	目 标 要 求		标准学时（不低于）
1	钢筋切断	人工切断：用克子、断线钳、切割刀分别下料	钢筋的断面尺寸准确，其允许偏差应在规定范围内		4
		机械切断：用施工现场已有的钢筋切断机操作（GQ120 型、凸轮式钢筋切断机、液压式钢筋切断机等）； 步骤： (1) 检查刀片安装是否牢固； (2) 将被切钢筋握紧，切短筋时，应用钳子夹住操作； (3) 被切钢筋应先调直再切断； (4) 禁止切断规定范围外的材料	钢筋的断口不得有马蹄形或起弯、劈裂等现象		2
2	箍筋弯曲成型	手工弯曲： (1) 弯曲前的准备工作； (2) 画线； (3) 试弯； (4) 弯曲成型	箍筋边长±5mm		2
		机械弯曲： (1) 弯曲前的准备工作； (2) 画线； (3) 试弯； (4) 弯曲成型			2

2.2.2.2.2　实训准备

1. 知识准备

（1）钢筋下料切断。钢筋切断是将同种规格的钢筋按不同长度进行长短搭配，一般情况下考虑先断长料，后断短料，以尽量减少短头。方法有手工切断、机械切断和氧乙炔焰切断三种。

1）断料准备：

a. 根据配料单复核料牌所写钢筋级别、规格、尺寸、数量是否正确。

b. 对同规格钢筋应分别进行长短搭配、统筹排料。

c. 在工作台上标出尺寸刻度线，并应设置控制断料尺寸用的挡板。

d. 检查切断机刀口安装是否正确、牢固，润滑油是否充足，并应经空车试运转正常后，方可进行操作。

2）断料注意事项：

a. 计算下料长度时，应扣除钢筋弯曲时的延伸率值。

b. 一次断料钢筋根数严禁超过机械性能规定范围。

c. 手持钢筋处应距刀口 150mm 以外，待活动刀片后退时，再将钢筋握紧送入刀口。

（2）钢筋弯曲成型：

1）钢筋成型：优先采用机械成型，也可采用手工弯曲成型。钢筋成型时应根据料牌所注形式，尺寸进行加工，对型式复杂的应先放样、试弯，经检查合格后再成批加工。

2）弯钩与弯折规定：

a. Ⅰ级钢筋末端应作 180°弯钩，其圆弧弯曲直径不应小于钢筋直径的 2.5 倍，平直部分长度不宜小于钢筋直径的 3 倍。

b. Ⅱ、Ⅲ级钢筋末端需作 90°或 135°弯折时，Ⅱ级钢筋的弯曲直径不宜小于钢筋直径的 4 倍，Ⅲ级钢筋不宜小于钢筋直径的 5 倍，平直部分长度应符合设计要求确定。

c. 箍筋的弯钩：用Ⅰ级钢筋或冷拔低碳钢丝制作的箍筋，其末端应做弯钩，弯钩的弯曲直径应大于受力主筋直径，且不得小于箍筋直径的 2.5 倍，弯钩的平直部分，有抗震要求的结构不应小于箍筋直径的 10 倍。

钢筋在常温下加工，不宜加热（梁体横隔板锚固钢筋若采用Ⅱ级钢筋，应采用热弯工艺）。弯制钢筋宜从中部开始，逐步弯向两端，弯钩应一次弯成。

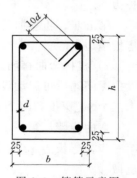

图 2.9　箍筋示意图

（$b=150$mm，$h=300$mm，

$c=25$mm）

2. 实训案例

根据图 2.9 进行箍筋的弯曲。

3. 工具设备准备

设备：手动切断机、钢筋调直机、弯箍机、工作台。

工具：手摇扳手、2m 尺盒、量角器、三角板、粉笔及铁钉。

4. 材料准备

准备 φ6 线材一卷。

2.2.2.2.3　实训步骤

（1）以小组为单位熟悉钢筋的理论知识。

（2）小组分工，明确自己的工作任务。

（3）钢筋下料，按箍筋的下料长度 1200mm 切断钢筋。

（4）箍筋弯曲成型：

1）人工弯曲箍筋。操作前，首先要在工作台上以弯扳柱为量度起点，在手摇扳的左侧工作台上标出钢筋 1/2 长（600mm）、箍筋长边内侧长（400mm）、短边内侧长（150mm）三个标志，钉上小钉。

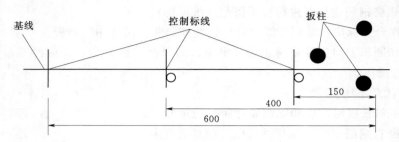

图 2.10　箍筋弯曲步骤示意图（单位：mm）

弯曲步骤如图 2.10 所示，分为五个步骤：

第一步，在钢筋 1/2 位置弯折 90°。

第二步，将弯曲后的钢筋逆时针转动 90°，钢筋的内缘紧靠左侧短边控制线（小钉）弯折短边 90°。

第三步，将弯曲后的钢筋逆时针转动 90°，钢筋的内缘紧靠左侧长边控制线（小钉）弯折长边 135°。

第四步，将弯曲后的钢筋反转 180°，钢筋的内缘紧靠左侧长边控制线（小钉）弯折长边 90°。

第五步，将弯曲后的钢筋逆时针转动 90°，钢筋的内缘紧靠左侧短边控制线（小钉）弯折短边 135°。

2）机械弯曲箍筋。操作前，首先要设备操作前仔细检查设备状况，安全情况，确认设备无问题后可启动设备；其次用直角尺、米尺和粉笔配合，在切断好的直钢筋表面上画出三个 90°弯折和两个 135°弯钩的五个弯曲位置点。

弯曲步骤：第一步，启动机械，在钢筋 1/2 长处弯折 90°；第二步，弯短边 90°弯折；第三步，弯长边 135°弯钩；第四步，弯短边 90°弯折；第五步，弯短边 135°弯钩，关停机械。

（5）箍筋加工质量小组自评，小组互评。

（6）实训工具、材料整理，场地清洁。

2.2.2.2.4　质量要求

（1）钢筋的断口不得有马蹄形或弯曲现象。

（2）钢筋内皮尺寸要符合允许误差要求（±5mm）。

（3）将加工好的钢筋放在工作台上，钢筋与台面之间的空隙要满足要求（±5mm）。

（4）用量角器量测箍筋的方正度，要满足要求（±3°）。

（5）任务单填写完整、内容准确、书写规范。

（6）各小组自评要有书面材料，小组互评要实事求是。

2.2.2.2.5　学生实训任务单

学生实训任务单见表 2.12。

表 2.12   **箍筋加工实训考核表**

姓名：		班级：		指导教师：		总成绩：	
相关知识				评分权重5%		成绩：	
1. 箍筋的作用							
实训知识				评分权重15%		成绩：	
1. 常用的钢筋切断的工具设备有哪些？							
2. 常用的加工箍筋的机械设备有哪些？							
3. 箍筋加工时常用哪几个弯折角度？							
考核验收				评分权重60%		成绩：	

	项目	要求及允许偏差	检验方法	验收记录	分值	得分
1	工作程序	正确	检查		5	
2	工作态度	遵守纪律 态度端正	观察、检查		5	
3	人工切断钢筋工具使用	正确	观察、检查		5	
4	钢筋切断机使用	操作规范	观察、检查		10	
5	人工弯曲箍筋工具使用	正确	观察、检查		5	
6	弯箍机使用	操作规范	观察、检查		10	
7	箍筋端头平直段长度	$5d$，有抗震要求时取 $10d$	卷尺测量		10	
8	90°弯折方正	小于±3°	量角器测量		10	
9	135°弯钩	小于±3°	量角器测量		10	
10	两对边内皮尺寸	±5mm	卷尺测量		10	
11	钢筋与台面之间的空隙	±5mm	卷尺测量		10	
12	安全	不出安全事故	巡查		5	
13	文明施工	工具完好场地整洁	巡查		5	

实训质量检验记录及原因分析		评分权重5%	成绩：
实训质量检验记录	质量问题分析	防治措施建议	
实训心得		评分权重15%	成绩：

2.2.2.3 子项目三：弯起钢筋制作实训

2.2.2.3.1 教师教学指导参考（教学进程表）

教学进程见表 2.13。

表 2.13 **弯起钢筋制作实训教学进程表**

学习任务		弯起钢筋制作			
教学时间/学时		4		适用年级	综合实训
教学目标	知识目标	掌握钢筋切断与钢筋弯曲的理论知识，熟悉钢筋切断与钢筋弯曲使用工具、设备及方法			
	技能目标	能根据工作任务，选择使用钢筋加工机械；能熟练掌握钢筋切断、弯曲设备的使用，并遵守安全操作规程要求；熟练使用钢筋弯曲加工的工具；能按钢筋加工质量评定标准进行自检、互检，并能指出质量缺陷并分析原因，及时纠正			
	情感目标	通过学生独立完成实训任务，养成严谨的工作作风；小组成员互相协作完成实训项目，培养良好的团队合作精神			
教学过程设计					
序号	实训内容	操 作 步 骤	目 标 要 求		标准学时（不低于）
1	钢筋切断	用施工现场已有的钢筋切断机操作（GQ12 型、凸轮式钢筋切断机、液压式钢筋切断机等）； 步骤： (1) 检查刀片安装是否牢固； (2) 将被切钢筋握紧，切短筋时，应用钳子夹住操作； (3) 被切钢筋应先调直再切断； (4) 禁止切断规定范围外的材料。	钢筋的断口不得有马蹄形或起弯、劈裂等现象		1
2	钢筋弯曲成型	机械弯曲 (1) 弯曲前的准备工作； (2) 画线； (3) 试弯； (4) 弯曲成形	1. 受力钢筋顺长度方向全长净尺寸 ±10mm； 2. 弯起钢筋的弯折位置 ±20mm，弯起钢筋的弯起高度 ±5mm		3

2.2.2.3.2 实训准备

1. 知识准备

(1) 成品质量。弯曲成型好了的钢筋质量必须通过加工操作人员自检；进入成品仓库的钢筋要由专职质量检查人员复检合格。钢筋加工的允许偏差应符合表 2.14 规定。

表 2.14 **加工后钢筋的允许偏差值**

项 目		允许偏差
受力钢筋全尺寸的偏差		±10mm
箍筋各部分长度的偏差		±5mm
钢筋弯起点位置的偏差	厂房构件	±20mm
	大体积混凝土	±30mm
钢筋转角的偏差		3°

（2）管理要点。弯曲好的钢筋必须轻拿轻放，避免摔地，产生变形，经过规格、外形尺寸检查过的成品应按编号栓上料牌，并应特别注意缩尺钢筋的料牌勿遗漏；清点某一编号钢筋成品确切无误后，将该号钢筋按全部根数运离成型地点；非急用于工程上的钢筋成品应堆放在仓库内，仓库顶应不漏雨，地面保持干燥，并有木方或混凝土板等作为垫件。

2. 实训案例

用Φ12钢筋制作如图2.11所示弯起钢筋1根。钢筋下料长度为2862mm。

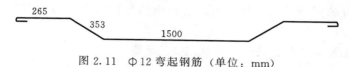

图2.11　Φ12弯起钢筋（单位：mm）

3. 工具设备准备

（1）设备：切断机、工作台

（2）工具：手摇扳手、2m尺盒、量角器、三角板、粉笔、铁钉。

4. 材料准备

准备Φ12线材12根，长度6m。

2.2.2.3.3　实训步骤

（1）以小组为单位熟悉钢筋的理论知识。

（2）小组分工，明确自己的工作任务。

（3）钢筋下料，按钢筋的下料长度2862mm切断钢筋。

（4）画线。如图2.12所示，将钢筋各段长度画在钢筋上。

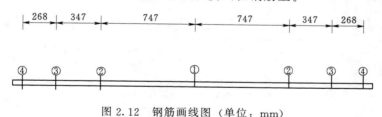

图2.12　钢筋画线图（单位：mm）

第一步，在钢筋中心线上画第一道线。

第二步，取中段$1500/2-0.5d/2=750-0.5\times12/2=747$（mm），画第二道线。

第三步，取斜段$353-0.5d/2=353-2\times0.5\times12/2=347$（mm），画第三道线。

第四步，取直段$265-0.5d/2+0.5d=265-0.5\times12/2+0.5\times12=268$（mm），画第四道线。

（5）钢筋弯曲成型：

第一步，按第四道弯曲点线弯一端的180°弯钩。

第二步，钢筋往右移动至第三道弯曲点线上，弯一端的第一个45°弯钩。

第三步，钢筋往右移动至第二道弯曲点线上，反向弯一端的第二个45°弯钩。

第四步，将钢筋掉过头来弯另外一端的180°弯钩。

第五步，重复第二步操作。

55

第六步，重复第三步操作。

（6）弯起钢筋加工质量小组自评，小组互评。

（7）实训工具、材料整理，场地清洁。

2.2.2.3.4 质量要求

（1）钢筋的断口不得有马蹄形或弯曲现象。

（2）钢筋尺寸要符合允许误差要求（±10mm）。

（3）钢筋弯曲点位移用尺量要满足要求（±10mm）。

（4）将加工好的钢筋放在工作台上，量测钢筋与台面之间的空隙，要满足要求（±5mm）。

（5）用量角器量测弯起钢筋的方正度，要满足要求（±3°）。

（6）任务单填写完整、内容准确、书写规范。

（7）各小组自评要有书面材料，小组互评要实事求是。

2.2.2.3.5 学生实训任务单

学生实训任务单见表 2.15。

表 2.15　　　　　　　　　　　　　弯起钢筋制作实训考核表

姓名：		班级：		指导教师：		总成绩：	
相关知识				评分权重10%		成绩：	
下部通长筋和弯起钢筋的区别							
实训知识				评分权重15%		成绩：	
1. 弯起钢筋加工常用的机械有哪些？							
2. 钢筋弯折机的操作要点							
考核验收				评分权重60%		成绩：	
	项　目	要求及允许偏差	检验方法	验收记录		分值	得分
1	工作程序	正确	检查			5	
2	工作态度	遵守纪律、态度端正	观察、检查			5	
3	人工弯曲钢筋工具使用	正确	观察、检查			10	
4	钢筋弯曲机使用	操作规范	观察、检查			10	
5	钢筋下部钢筋长度	不大于±20mm	卷尺检查			10	
6	弯起钢筋的弯折位置	不大于±20mm	卷尺检查			15	
7	上部平直段尺寸	不大于±20	卷尺检查			10	
8	钢筋与台面之间的空隙	不大于±5mm	卷尺检查			10	
9	弯起钢筋的方正度	不大于±3°	量角器测量			10	
10	文明施工	工具完好、场地整洁	巡查			5	
11	施工进度	按时完成	巡查			5	
12	团队精神	分工协作、人人参与	巡查			5	

续表

实训质量检验记录及原因分析		评分权重5%	成绩：
实训质量检验记录	质量问题分析	防治措施建议	
实训心得		评分权重10%	成绩：

2.2.3 项目三：钢筋连接与安装

2.2.3.1 教师教学指导参考（教学进程表）

教学进程见表 2.16。

表 2.16 　　　　　　　　　梁的钢筋绑扎与安装实训教学进程表

学习任务		梁的钢筋绑扎与安装实训		
教学时间/学时		16	适用年级	综合实训
教学目标	知识目标	掌握钢筋连接安装施工工艺；熟悉钢筋连接安装验收规定		
	技能目标	使学生掌握钢筋连接位置、接头数量、接头百分率规定；熟悉不同手法的钢筋绑扎技巧，并会绑扎，绑扣符合要求；掌握柱、梁、板钢筋绑扎骨架的安装		
	情感目标	通过学生独立完成实训任务，养成严谨的工作作风；小组成员互相协作完成实训项目，培养良好的团队合作精神		
教学过程设计				

序号	实训内容	实 训 要 点	目 标 要 求	标准学时（不低于）
1	钢筋绑扎的基本操作方法	1. 一面顺扣、十字花扣、反十字花扣、兜扣、缠扣、兜扣加缠、套扣等； 2. 各种绑扎工具的正确使用	在现场能熟练操作各种绑扎工具及方法并符合质量要求	4
2	钢筋网与钢筋骨架的安装	绑扎钢筋网现骨架的安装： （1）按图施工，对号如座； （2）钢筋网分块面积为 6～20cm²，钢筋骨架分段长度为 6～12m； （3）在吊装过程中采取临时加固措施； （4）确定好吊点和吊装方法； （5）吊装过程设专人指挥	1. 钢筋的绑扎或焊接应牢固，不得有松脱变形和开焊现象； 2. 钢筋表面不得有油渍、漆污和颗粒片（状）铁锈； 3. 吊装安全符合有关要求	8
		焊接钢筋网与钢筋骨架的安装： （1）骨架和网的搭接接头不宜位于构件的最大弯矩处； （2）确定好吊点和吊装方法； （3）吊装过程设专人指挥； （4）焊接网、架接头应采用电弧焊		4

2.2.3.2　实训准备

1. 知识准备

在工程施工中，当钢筋的长度不够时就需要进行连接。钢筋连接分焊接连接、机械连接和绑扎连接三类。

（1）钢筋的焊接。钢筋的焊接包括电阻点焊、闪光对焊、电弧焊、电渣压力焊、气压焊和预埋件埋弧压力焊等六种焊接方法。本教材主要介绍闪光对焊、电弧焊和电渣压力焊。闪光对焊适用于热轧Ⅰ～Ⅲ级直径 10～40mm 的钢筋。电渣压力焊适用于直径为热轧Ⅰ～Ⅱ级直径 14mm～40mm 的钢筋。电弧焊可适用于热轧Ⅰ～Ⅲ级直径 10～40mm 的钢筋帮条焊、搭接焊、熔槽帮条焊等。在施工过程中若设计要求机械连接的部位，必须采用机械连接。在每批钢筋正式焊接前，必须按《钢筋焊接接头试验方法标准》（JGJ/T 27—2014）的规定，进行现场条件下钢筋焊接性能试验，合格后方可正式施焊。

1）闪光对焊。闪光对焊分连续闪光焊、预热闪光焊和闪光—预热—闪光焊，工艺流程如下：

a. 连续闪光焊。准备工作（钢筋端部除锈、矫直、选择参数，调整两钳口间距，断路限位开关和变压器级数、开冷却水阀，夹紧钢筋），接通电源→两钢筋局部接触并移动钢筋，形成连续闪光→顶锻（有电顶锻、无电顶锻）→松夹具、取出钢筋→对焊钢筋堆放。

b. 预热闪光焊。准备工作（同上）→两钢筋端面交替接触和分开→顶锻→松夹具、取钢筋→堆放。

c. 闪光—预热—闪光焊。准备工作（同上）→两钢筋端头局部接触形式一次闪光→两钢筋端面交替接触和分开→两钢筋端面接触形成二次闪光→顶锻→松夹具、取钢筋→堆放。

不同直径钢筋对焊应按大直径钢筋选择对焊参数，并适当减小大直径钢筋的调伸长度，不同直径钢筋的截面积比不宜大于 1.5 倍。

闪光对焊操作要领如下：

a. 连续闪光焊操作要领：在接通焊接电源的情况下，借助操作杆使钢筋逐渐移近，让两钢筋端面轻微接触而形成闪光，为使闪光过程连续稳定，钢筋应匀速移动，待预定的闪光留量消失，迅速进行顶锻，整个焊接过程结束。

b. 预热闪光焊操作要领。在接通焊接电源并施加一定压力的情况下，使两钢筋端面交替地接触和分开，或者引起断续闪光（指闪光预热法）或者发生电源脉冲（指电阻预热法）而实现预热。待达到预热程度时，随即转入闪光和顶锻过程。

c. 闪光—预热—闪光焊操作要领。一次闪光过程，应尽量保持闪光的连续性，避免多次接触而导致加热不匀。一次闪光留量的选择，应足以将钢筋在断料的刀口严重压伤部分烧掉从而为下一步的均匀加热创造条件，预热应优先采取频率较低的电阻预热法，并根据钢筋级别和直径，灵活掌握其预热程度，以获得良好的预热效果。二次闪光过程，应先慢后快，临近顶锻时应保持足够的强烈程度和稳定性，以防止焊口金属遭受氧化。待二次闪光留量消失，随即进行顶锻过程，焊接全过程完毕。

2）电弧焊。电弧焊分为帮条焊、搭接焊和熔槽帮条焊，工艺要求如下：

a. 帮条焊。两主筋间应留 2～5mm 的间隙；帮条与主筋之间用四点定位焊固定，定位焊缝应离帮条端部 20mm 以下。引弧时应在帮条的一端开始，收弧应在帮条钢筋端头上，弧坑应填满。第一层焊缝应有足够的熔深，主焊缝与定位焊缝的始端与终端应熔合良好。帮条焊接头的焊缝厚度不应小于主筋直径的 0.3 倍，焊缝宽度不应小于主筋直径的 0.7 倍。帮条焊的节帮条长度为单层焊为 10 倍钢筋直径，双面焊为 5 倍钢筋直径。当帮条级别与主筋相同时，帮条直径可与主筋相同或小一个规格，当帮条直径与主筋相同时，帮条级别可与主筋相同或低一个级别。

b. 搭接焊。搭接焊的搭接长度与帮条焊的长度相同。搭接接头的焊缝厚度不得小于主筋直径的 0.3 倍，焊缝宽度不应小于主筋直径的 0.7 倍，焊接时钢筋应预弯后再焊，以保证两钢筋的轴线在一直线上。两钢筋搭接焊时，应将两钢筋之间用两点定位焊固定，定位焊缝应离搭接端部 20mm 以上。引弧时应在接搭钢筋的一端开始，及弧应在搭接钢筋端头上，弧坑应填满。第一层焊缝应有足够的熔深。主焊缝与定位焊缝的始端与终端应熔合良好。

c. 熔槽帮条焊。焊接时，应加角钢作垫模，角钢尺寸宜为边长 40～60mm，长度 80～100mm。工艺要求：钢筋端面应加工平整；两钢筋端面的间隙应为 10～16mm；焊接时电流宜稍大，以接缝处垫板引弧后连续施焊，形成熔池，保证钢筋端部熔合良好，防止未焊透，产生气孔或夹渣；在焊接过程中，应停焊清渣一次，焊平后，再进行加强焊接，其高度不得大于 3mm；而钢筋与角钢垫板之间应加焊侧面焊缝 1～3 次，使角钢起帮条作用。

3）电渣压力焊。工艺流程为：焊接准备（钢筋除锈，搭脚手架，调节电流和通电时间，焊剂烘焙）→夹钳夹紧钢筋→安放焊条芯或铅丝圈→垫塞石棉布或石棉绳→焊剂入盒→通电引弧→电渣过程→断电顶压→拆夹钳→拆焊剂盒→去渣壳。工艺过程的要求如下：

a. 焊接夹钳的上下钳口应夹紧于上下钢筋上；钢筋一经夹紧不得晃动。

b. 引弧宜采用铁丝圈或焊条头引弧法，也可采用直接引弧法。

c. 引燃电弧后，应先进行电弧过程，然后加快上钢筋下送速度，使钢筋端面与液态渣池接触，转变为电渣过程，最后在断电的同时，迅速下压上钢筋，挤出熔化金属和熔渣。

d. 接头焊完应停歇后，方可回收焊剂和卸下焊接夹具，并敲去渣壳；而接头的四周焊包应均匀，凸出钢筋表面的高度不小于 4mm。不同直径钢筋焊接时，应按较小的钢筋选择参数，焊接通电时间可延长。

（2）钢筋机械连接。钢筋机械连接是指通过钢筋与连接件的机械咬合作用或钢筋端面的承压作用，将一根钢筋中的力传到另一根钢筋的连接方法。

1）施工准备：

a. 操作工人必须持证上岗。

b. 按图纸要求理行钢筋下料，配料，切口端面要与钢筋轴线垂直，不得有马蹄形或弯曲现象，严禁用气割下料。

c. 直螺纹连接套筒使前，应检查核对表面上的规格标记，并有出厂合格证。

d. 与钢筋及套筒相匹配的塑料保护帽，应准备齐全。

2）机具准备：

a. 滚压直螺纹套丝机一台，砂轮切割机四台。

b. 专用扳手、力矩扳手、卡尺、通环规、止环规等。

3）工艺流程：钢筋下料 →钢筋套丝 →钢筋连接 →检查验收

4）构造要求：

a. 同一构件内同一截面受力钢筋的接头位置相互错开。在任一接头中心至长度为钢筋直径的 35 倍的区域范围内，有接头的受力钢筋截面积占受力钢筋总截面积的百分率应符合下列规定：①受拉区的受力钢筋接头百分率不宜超过 50％；②受拉区的受力钢筋受力较小时，A 级接头百分率不受限制；③接头宜避开有抗震设防要求的框架梁端和柱端的箍筋加密区，当无法避开时，接头应采用 A 级接头，且接头百分率不应超过 50％。

b. 接头端部距钢筋弯起点不得小于钢筋直径的 10 倍。

c. 不同直径钢筋连接时，一次对接钢筋直径规格不宜超过两个规格。

d. 钢筋连接套外的混凝土保护层厚度除了要满足现行国家标准外，还必须满足其保护层厚度不得小于 15mm，且连接套之间的横向净距不宜小于 25mm。

（3）钢筋的绑扎连接：

1）施工准备：

a. 熟悉施工图明确规定的钢筋安装位置、标高、形状、各细部尺寸及其他要求，并仔细审查各图样元间是否有矛盾，钢筋规格数量是否有误，施工操作有无困难。

b. 根据工程已确定的基本方案，建筑物体形、施工现场操作脚手架、起重机械未确定钢筋安装工艺。

c. 检查钢筋加工质量：

（a）核对钢筋配料表和料牌，并检查已加工好的钢筋钢量、直径、形状、尺寸、数量是否符合施工图要求，如发现有错配或漏配钢筋现象，要及时向施工员提出纠正或增补。

（b）检查钢筋锈蚀情况，确定是否除锈和采用哪种除锈方法等。

（c）根据施工计划的安排和现场施工条件，确定施工顺序的基础上，与有关工种组织好施工。

（d）做好常用机具的配备及材料进场工作，应配有一定数量的常用工具；还为保证混凝土保护层厚度和钢筋相对位置的塑料垫块和撑铁。

（e）钢筋绑扎安装前，应会同施工人员、木工等有关工种，共同检查模板尺寸、标高、预埋件、配线管的安装和预留等工作。

2）钢筋的绑扎工艺：

绑扎程序为：绑线→摆筋、穿箍→绑扎→安放垫块、预埋等→检查。画线位置按钢筋位置不同规定如下：

a. 板钢筋：平板或板钢筋应在模板或钢筋上画线。

b. 柱筋：柱筋中的箍筋应在两根对角线的主筋上画点。

c. 梁筋：梁筋应在纵筋上划点。

d. 基础钢筋：应在两向各取一根钢筋划点或在垫层上画线。

画线要求如下：

a. 钢筋和箍筋的间距、数量应符合设计要求。

b. 独立基础的轴线若为偏心时，画线应从基础中心向两边进行。

c. 设有加密箍筋的构件应标明加密区的起止点位置，加密箍筋数量应符合设计要求。

摆筋顺序要求如下：

a. 板类构件：一般应先摆主筋后摆分布筋或负筋；对向板应按施工图要求先摆底层筋，后摆上层筋。

b. 梁类构件：先摆纵筋。

c. 接头位置：摆放有接头的钢筋时，其接头位置必须符合设计图及现行要求的规定。

套箍要求如下：

a. 箍筋间距及数量应符合设计要求。

b. 箍筋弯钩叠合处应交错套入。

c. 设有附加箍筋或四肢的构件应将主箍与附加箍，双肢箍与双肢箍交错套入纵筋，且各自套入的纵向钢筋不得错号。

d. 有变截面构件的箍筋，应经清理并按序排列后再依次套入纵筋。

绑扎要求如下：

a. 铅丝的选择：绑扎前，应根据钢筋直径选择铅丝。若主筋直径小于 16mm 时，宜采用 20 号铅丝。主筋直径大于 16mm 时宜采用单极 18 号或双极 22 号铅丝。

b. 绑扎方法：绑扎时应采用交叉反顺扣方法。平板钢筋除采用顺扣外还应加一些十字花扣；在钢筋转角处，应采用兜扣并加缠；竖向钢筋网，应采用十字花扣并适当加缠。

c. 弯钩的朝向：基础层板钢筋弯钩应朝上；拌的竖筋和水平筋弯钩应朝内；绑扎薄板时，应检查弯钩是否超过板厚，若超过，应将弯钩放斜，以防板面露筋。

2. 实训案例

某 L_1 梁的配筋如图 2.13、钢筋料牌如图 2.14 所示，假设该梁的各钢筋已按配料单加工制作完成，已达到加工质量要求，且随各钢筋配料牌一起运到安装绑扎地点。要求学生按绑扎与安装的要求进行该梁的钢筋绑扎训练。

3. 工具及设备准备

设备：钢筋切断机、钢筋弯曲机、钢筋调直机、弯箍机。

工具：型材切割机、磨光机、扳手、钢丝钳、钢锯、挪头、铁锹、锄头、绑扎钩、小撬杠、钢卷尺、粉笔及铁钉。

4. 材料准备

准备各型号钢筋、钢管、直角扣件、对接扣件、转角扣件、扎丝。

2.2.3.3 实训步骤

(1) 以小组为单位熟悉钢筋绑扎连接的理论知识，研读案例。

(2) 小组分工，明确自己的工作任务。

(3) 钢筋下料计算，绘制钢筋下料单。

(4) 按钢筋下料单加工钢筋构件，钢筋构件要分类摆放，并放料牌。

(5) 搭建绑扎支架。

(6) 长钢筋清理安装就位，并画出箍筋间距。

(7) 先在两端部、中间各用一个箍筋临时固定各主筋位置。

(8) 正式绑扎，箍筋的接头交错布置在两根架立筋上。箍筋加密区间距按设计要求绑扎。

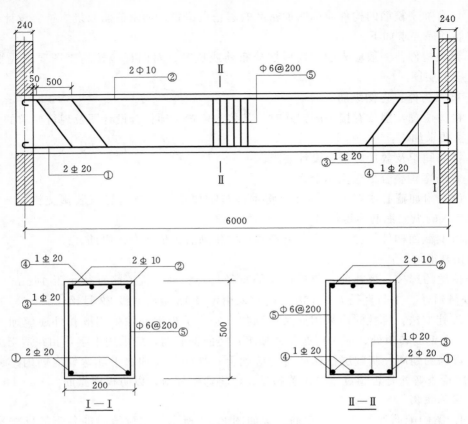

图 2.13　某 L_1 梁的配筋图（单位：mm）

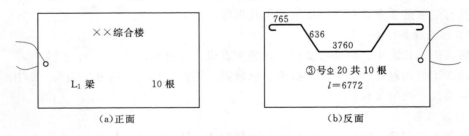

（a）正面　　　　　　　　　　　（b）反面

图 2.14　钢筋料牌（单位：mm）

（9）钢筋绑扎质量小组自评，小组互评。

（10）实训工具、材料整理，场地清洁。

2.2.3.4　质量要求

（1）钢筋的混凝土保护层必须符合要求。

（2）钢筋的交叉点应绑扎牢固。

（3）钢筋的级别、直径、形状、尺寸、箍筋间距应符合设计图纸。

（4）钢筋安装的允许偏差符合规定。

（5）任务单填写完整、内容准确、书写规范。

（6）各小组自评要有书面材料，小组互评要实事求是。

2.2.3.5 学生实训任务单

学生实训任务单见表2.17、表2.18。

表 2.17 钢 筋 配 料 计 算 表

构件名称	钢筋编号	简图	钢号	直径/mm	下料长度/mm	单位根数	合计根数	质量/kg

表 2.18 梁钢筋绑扎与安装实训考核表

姓名：		班级：		指导教师：		总成绩：		
相关知识				评分权重5%		成绩：		
钢筋的安装方法								
实训知识				评分权重15%		成绩：		
1. 请画出十字花扣、反十字花扣、套扣、缠扣等绑扎方法的简图								
2. 钢筋安装时，如何保证位置准确？如何设置混凝土保护层厚度								
考核验收				评分权重60%		成绩：		
	项 目		要求及允许偏差	检验方法		验收记录	分值	得分
1	绑扎工序		正确	检查			5	
2	工作态度		遵守纪律、态度端正	观察、检查			5	
3	实训任务单（表2.17）填写		正确	检查			10	
4	钢筋加工		符合要求	观察、检查			10	
5	钢筋加工机械使用		操作正确	观察、检查			10	
6	钢筋安装位置（骨架钢筋）	长	±10mm	卷尺量测			10	
		高、宽	±5mm	卷尺量测			10	
7	受力钢筋	间距	±10mm	卷尺量测			5	
		排距	±5mm	卷尺量测			5	
		保护层 梁	±5mm	卷尺量测			5	
8	箍筋间距		±20mm	卷尺量测			10	
9	文明施工		工具完好、场地整洁	巡查			5	
10	施工进度		按时完成	巡查			5	
11	团队精神		分工协作、人人参与	巡查			5	

续表

实训质量检验记录及原因分析		评分权重 5%	成绩：
实训质量检验记录	质量问题分析	防治措施建议	
实训心得		评分权重 15%	成绩：

单元3 混凝土工及现场管理实训

3.1 概 述

本课程的主要任务是面向水利水电工程施工专业、工业与民用建筑专业普及混凝土知识及动手操作技能，传播土木工程文化，激发学生的专业兴趣，提高学生对建筑的理解和鉴赏力，了解行业概况，学习水利职工职业道德，促进职业意识形成，为学生日后择业提供了可以借鉴和参照的新思想和新观念。通过任务驱动项目教学，使学生了解混凝土相关安全知识和职业道德，认识水工混凝土基本知识（水利工程识图、水工建筑物构造、混凝土结构与力学、常用混凝土工具和设备），掌握水工混凝土配合比设计、水工混凝土配料、水工混凝土施工机械、大体积水工混凝土、混凝土梁、混凝土柱、混凝土板浇筑、混凝土质量检测、混凝土施工现场管理等的原理和方法；达到初级工的要求；培养学生学习该专业的兴趣。

3.1.1 实训目标

（1）熟悉水工建筑物基本功能，能识别水工建筑相关施工图等内容。

（2）熟悉水工混凝土材料组成及常用机具的使用方法。

（3）熟悉材料知识、了解水工建筑物抗震知识、力学知识、混凝土结构知识和混凝土工种的季节施工知识等。

（4）掌握有关混凝土工程施工质量验收规范和质量评定标准的内容以及常用的检测方法。

（5）掌握混凝土工种的有关安全技术操作要求等。

（6）培养良好的人际交往、团队合作能力和服务意识。

（7）树立严谨的职业道德和科学态度。

3.1.2 实训重点

（1）水工混凝土材料组成、性能及配合比设计。

（2）水工混凝土工程施工机械操作。

（3）水工混凝土的拌制、运输、浇筑及养护。

（4）水工混凝土构件浇筑，如大体积混凝土、梁、板、柱等。

（5）水工混凝土质量检测。

3.1.3 教学建议

水工混凝土实训课程的教学内容按项目制定。教师在水工混凝土课程教学时，按教学内容相应安排实训项目。按照水工及建筑行业规范、标准要求，采用与岗位能力相一致的教学手段，协助学生完成实训材料准备，然后通过四步教学法的几个基本阶段实施教学。

教师要善于观察实训中的不足与安全隐患，并加以改进。在实训教学中引导学生在工作过程中发现问题，有针对性地展开讨论，提高解决问题的能力。实训项目的活动形式，应根据实训目标、内容、实训环境和实训条件的不同，可采取不同的教学模式，让学生多动手，实现做中学、学中做，以强化学生的实践动手能力。一个项目可以是 2 个学时，也可以是 4 个学时；实际教学时可以考虑利用一天时间，安排 2 个学时的理论教学，6 个学时的实践教学。

3.1.4　实训条件及注意事项

1. 实训场地

按一个班教学，分 10 组，场地面积不少于 200m²。

2. 实训工具

实训工具包括压力试验机、振动台、搅拌机、试模、捣棒、抹刀、铁铲、斗车、台秤、钢筋构件、模板、计算器、手套、安全帽等。

3. 实训材料准备

根据不同实训项目，老师协助学生做好材料准备。

4. 工具和材料使用注意事项

（1）实训中应加强材料的管理，工具、机械的保养和维修。

（2）砂子、水泥等原材料质量要符合规范规定。

（3）材料的使用、运输、储存等施工过程中必须采取有效措施，防止损坏、变质和污染环境。

（4）工具在操作结束后应清洗归位。

5. 施工操作一般注意事项

（1）浇筑混凝土前必须先检查模板支撑的稳定情况，特别要注意检查用斜撑支撑的悬臂构件的模板的稳定情况。浇筑混凝土过程中要注意观察模板、支撑情况，发现异常及时报告。

（2）振捣器电源线必须完好无损，供电电缆不得有接头，混凝土振捣器作业转移时，电动机的导线应保持有足够的长度和松弛度。严禁用电源线拖拉振捣器。作业人员必须穿绝缘胶鞋，戴绝缘手套。

（3）浇筑框架、梁、柱混凝土时，操作人员严禁站在模板或支撑上操作。

6. 学生操作纪律与安全注意事项

（1）穿实训服，衣服袖口有缩紧带或纽扣，不准穿拖鞋。

（2）留辫子的同学必须把辫子扎在头顶。

（3）作业过程必须戴手套，钢筋加工使用电动机械由教师进行操作。

（4）实训工作期间不得嬉戏打闹，不得随意玩弄工具。

（5）认真阅读实训指导书，依据实训指导书的内容，明确实训任务。

（6）实训期间要严格遵守工地规章制度和安全操作规程，进入实训场所必须戴安全帽，随时注意安全，防止发生安全事故。

（7）学生实训中要积极主动，遵守纪律，服从实习指导老师的工作安排，要虚心向工人师傅学习，脚踏实地，参加具体工作，扎扎实实进行实训操作，以培养实际工作能力。

（8）遵守实训中心各项规章制度和纪律。

（9）每天写好实训日记，记录实训情况、心得体会、改进建议等。

（10）实训结束前写好实训报告。

3.1.5 实训安排

课程教学实训，任课老师制定实训时间表，系部汇总调整，制定学期专业实训课程表并下发，由任课教师执行。

综合实训项目时间编排，根据专业教学标准、实训条件、实训任务书、考核标准及内容等，由系部制定实训计划。各任课教师具体负责，系部协助进行实训前教育、动员，任课教师负责分组，实训中心管理人员负责现场设备、工具、材料准备，任课教师协助学生进行设备、工具的检查，按实训计划表进行训练。

（1）班级分组，每组 6 人。

（2）学生进入实训中心，先在实训中心整理队伍，按小组站好，在实训记录册签到，小组长领安全帽、手套，并发放给各位同学。

（3）同学们戴好安全帽，听实训指导教师讲解混凝土实训过程安排和安全注意事项。

（4）各小组同学按实训项目进行实训材料量的计算，填写领料单，领取材料，堆放到相应工位。

（5）由实训指导教师协调设备运行，并负责安全。

（6）按四步法进行实训教学。

（7）全部实训任务结束，实训指导老师进行点评、考核。

（8）每次（每天）实训结束后，学生将实训项目全部拆除，重复使用材料清理归位。废料清理、操作现场清扫干净。

3.2 实 训 项 目

3.2.1 项目一：水工混凝土配合比设计
3.2.1.1 教师教学指导参考（教学进程表）

教学进程见表 3.1。

表 3.1   水工混凝土配合比设计教学进程表

学习任务		水工混凝土配合比设计		
教学时间（学时）		6	适用年级	综合实训
教学目标	知识目标	熟悉混凝土配合比的设计过程，根据用料的含水率调整施工配合比		
	技能目标	按照要求配制工程所需的混凝土		
	情感目标	实训课程的目的是使学生掌握建筑材料实验的基本知识和基本技能，培养学生严肃认真、一丝不苟、理论联系实际、实事求是的工作作风，提高学生用辩证唯物主义观点认识问题、分析问题、解决问题的综合能力		

67

续表

时间	教学流程	教学法视角	教学活动	教学方法	媒介	重点
		教学过程设计				
10min	安全、防护教育	引起学生的重视	师生互动、检查	讲解	图片	使用仪器安全性
20min	课程导入	激发学生的学习兴趣	布置任务、下发任务单、提出问题	项目教学引导	图片、工具、材料	分组应合理、任务恰当、问题难易适当
20min	学生自主学习	学生主动积极参与讨论及团队合作精神培养	根据提出的任务单及问题进行讨论、确定方案	项目教学小组讨论	教材、材料、卡片	理论知识准备
15min	演示	教师提问、学生回答	工具、设备的使用；规范的应用	课堂对话	设备、工具、施工规范	注重引导学生，激发学生的积极性
25min	模仿（教师指导）	组织项目实施、加强学生动手能力	学生在实训基地完成材料的选择	个人完成小组合作	设备、工具、施工规范	注意规范的使用
135min	自己做	加强学生动手能力	学生分组完成任务	小组合作	设备、工具、施工规范	注意规范的使用、设备的正确操作
20min	学生自评	自我意识的觉醒，有自己的见解培养沟通、交流能力	检查操作过程、数据书写及规范应用的正确性	小组合作	施工规范、学生工作记录	学生检查的流程及态度
25min	学生汇报、教师评价、总结	学生汇报总结性报告，教师给予肯定或指正	每组代表展示实操成果并小结，教师点评与总结	项目教学、学生汇报、小组合作	投影、白板	注意对学生的表扬与鼓励

3.2.1.2 实训准备

1. 知识准备

普通混凝土配合比设计，一般应根据混凝土强度等级及施工所要求的混凝土拌和物坍落度（或工作度——维勃稠度）指标进行。如果混凝土还有其他技术性能要求，除在计算和试配过程中予以考虑外，尚应增添相应的试验项目，进行试验确认。

普通混凝土配合比设计应满足设计需要的强度和耐久性。水灰比的最大允许值可参见表 3.2。

混凝土拌和料应具有良好的施工和易性和适宜的坍落度。混凝土的配合比要求有较适宜的技术经济性。

（1）普通混凝土配合比设计步骤：

1）计算出要求的试配强度 $f_{cu,0}$，并计算出所要求的水灰比值。

2）选取每立方米混凝土的用水量，并由此计算出每立方米混凝土的水泥用量。

3）选取合理的砂率值，计算出粗、细骨料的用量，提出供试配用的计算配合比。

以下依次列出计算公式：

表 3.2   **混凝土的最大水灰比和最小水泥用量**

环境条件		结构物类别	最大水灰比			最小水泥用量/kg		
			素混凝土	钢筋混凝土	预应力混凝土	素混凝土	钢筋混凝土	预应力混凝土
干燥环境		• 正常的居住和办公用房屋内部件	不作规定	0.65	0.60	200	260	300
潮湿环境	无冻害	• 高湿度的室内部件 • 室外部件 • 在非侵蚀性土和（或）水中的部件	0.70	0.60	0.60	225	280	300
	有冻害	• 经受冻害的室外部件 • 在非侵蚀性土和（或）水中且经受冻害的部件 • 高湿度且经受冻害的室内部件	0.55	0.55	0.55	250	280	300
有冻害和除冰剂的潮湿环境		• 经受冻害和除冰剂作用的室内和室外部件	0.50	0.50	0.50	300	300	300

注 1. 当采用活性掺合料取代部分水泥时，表中最大水灰比和最小水泥用量即为替代前的水灰比和水泥用量。
  2. 配制 C15 级及其以下等级的混凝土，可不受本表限制。

1）计算混凝土试配强度 $f_{cu,0}$，并计算出所要求的水灰比值（W/C）。

a. 混凝土的施工配制强度按下式计算：

$$f_{cu,0} \geqslant f_{cu,k} + 1.645\sigma \tag{3.1}$$

式中　$f_{cu,0}$——混凝土的施工配制强度，MPa；

　　　$f_{cu,k}$——设计的混凝土立方体抗压强度标准值，MPa；

　　　　σ——施工单位的混凝土强度标准差，MPa。

σ 的取值，如施工单位具有近期混凝土强度的统计资料时，可按下式求得：

$$\sigma = \sqrt{\frac{\sum_{i=1}^{N} f_{cu,i}^2 - N\mu_{f_{cu}}^2}{N-1}} \tag{3.2}$$

式中　$f_{cu,i}$——统计周期内同一品种混凝土第 i 组试件强度值，MPa；

　　　$\mu_{f_{cu}}$——统计周期内同一品种混凝土 N 组试件强度的平均值，MPa；

　　　　N——统计周期内同一品种混凝土试件总组数，$N \geqslant 25$。

当混凝土强度等级为 C20 或 C25 时，如计算得到的 $\sigma < 2.5$MPa，取 $\sigma = 2.5$MPa；当混凝土强度等级等于或高于 C30 时，如计算得到的 $\sigma < 3.0$MPa，取 $\sigma = 3.0$MPa。

对预拌混凝土厂和预制混凝土构件厂，其统计周期可取为一个月；对现场拌制混凝土的施工单位，其统计周期可根据实际情况确定，但不宜超过三个月。

施工单位如无近期混凝土强度统计资料时，可按表 3.3 取值。

表 3.3　　　　　　　　　　σ 取 值 表

混凝土强度等级	＜C15	C20～C35	＞C35
$\sigma/(N/mm^2)$	4	5	6

b. 计算出所要求的水灰比值（混凝土强度等级小于 C60 时）：

$$W/C = \frac{\alpha_a \cdot f_{ce}}{f_{cu,0} + \alpha_a \cdot \alpha_b \cdot f_{ce}} \tag{3.3}$$

式中　α_a、α_b——回归系数；

　　　　f_{ce}——水泥 28 天抗压强度实测值，MPa；

　　　　W/C——混凝土所要求的水灰比。

回归系数 α_a、α_b 通过试验统计资料确定，若无试验统计资料，回归系数可按表 3.4 选用。

表 3.4　　　　　　　　回归系数 α_a、α_b 选用表

回归系数	碎石	卵石
α_a	0.46	0.48
α_b	0.07	0.33

当无水泥 28d 实测强度数据时，式中 f_{ce} 值可用水泥强度等级值（MPa）乘上一个水泥强度等级的富余系数 γ_c，富余系数 γ_c 可按实际统计资料确定，无资料时可取 $\gamma_c=1.13$。f_{ce} 值也可根据 3 天强度或快测强度推定 28 天强度关系式推定得出。对于出厂期超过三个月或存放条件不良而已有所变质的水泥，应重新鉴定其强度等级，并按实际强度进行计算。

计算所得的混凝土水灰比值应与规范所规定的范围进行核对，如果计算所得的水灰比大于表 3.2 所规定的最大水灰比值时，应按表 3.2 取值。

2）选取每立方米混凝土的用水量和水泥用量。

a. 选取用水量：

W/C 在 0.4～0.8 范围时，根据粗骨料的品种及施工要求的混凝土拌和物的稠度，其用水量可按表 3.5、表 3.6 取用。

W/C 小于 0.4 的混凝土或混凝土强度等级大于等于 C60 级以及采用特殊成型工艺的混凝土用水量应通过试验确定。

表 3.5　　　　　　　每立方米干硬性混凝土的用水量　　　　　　　单位：kg

拌和物稠度		卵石最大粒径/mm			碎石最大粒径/mm		
项目	指标	10	20	40	16	20	40
维勃稠度/s	16～20	175	160	145	180	170	155
	11～15	180	165	150	185	175	160
	5～10	185	170	155	190	180	165

表 3.6　　　　　　　　　　　　每立方米塑性混凝土的用水量　　　　　　　　　　　单位：kg

拌和物稠度		卵石最大粒径/mm				碎石最大粒径/mm			
项目	指标	10	20	31.5	40	16	20	31.5	40
坍落度/mm	10～30	190	170	160	150	200	185	175	165
	35～50	200	180	170	160	210	195	185	175
	55～70	210	190	180	170	220	205	195	185
	75～90	215	195	185	175	230	215	205	195

注　1. 本表用水量系采用中砂时的平均取值。采用细砂时，每立方米混凝土用水量可增加 5～10kg；采用粗砂时，则可减少 5～10kg。

　　2. 掺用各种外加剂或掺合料时，用水量应相应调整。

流动性和大流动性混凝土的用水量以表 3.6 中坍落度 90mm 的用水量为基础，按坍落度每增大 20mm 用水量增加 5kg，计算出未掺外加剂时的混凝土的用水量。

掺外加剂时的混凝土用水量可按下式计算：

$$m_{wa} = m_{w0}(1-\beta) \qquad (3.4)$$

式中　m_{wa}——掺外加剂混凝土每立方米混凝土的用水量，kg；

　　　m_{w0}——未掺外加剂混凝土每立方米混凝土的用水量，kg；

　　　β——外加剂的减水率，%，外加剂的减水率应经试验确定。

b. 计算每立方米混凝土的水泥用量 m_{c0}：

$$m_{c0} = \frac{m_{w0}}{W/C} \qquad (3.5)$$

计算所得的水泥用量如小于表 3.6 所规定的最小水泥用量时，则应按表 3.6 取值。混凝土的最大水泥用量不宜大于 550kg/m³。

3）选取混凝土砂率值，计算粗细骨料用量。

a. 选取砂率值。

坍落度为 10～60mm 的混凝土砂率，可按粗骨料品种、规格及混凝土的水灰比在表 3.7 中选用。

表 3.7　　　　　　　　　　　　　　混凝土的砂率　　　　　　　　　　　　　　　　　%

水灰比	卵石最大粒径/mm			碎石最大粒径/mm		
	10	20	40	16	20	40
0.40	26～32	25～31	24～30	30～35	29～34	27～32
0.50	30～35	29～34	28～33	33～38	32～37	30～35
0.60	33～38	32～37	31～36	36～41	35～40	33～38
0.70	36～41	35～40	34～39	39～44	38～43	36～41

注　1. 表中数值系中砂的选用砂率，对细砂或粗砂，可相应地减少或增加砂率。

　　2. 只用一个单粒级粗骨料配制混凝土时，砂率应适当增加。

　　3. 对薄壁构件，砂率取偏大值。

　　4. 表中的砂率系指砂与骨料总量的重量比。

坍落度大于 60mm 的混凝土砂率，可经试验确定，也可在表 3.7 的基础上，按坍落每增大 20mm，砂率增大 1%的幅度予以调整。

坍落度小于 10mm 的混凝土，其砂率应通过试验确定。

b. 计算粗、细骨料的用量，算出供试配用的配合比。在已知混凝土用水量、水泥用量和砂率的情况下，可用体积法或重量法求出粗、细骨料的用量，得出混凝土的初步配合比。

体积法：体积法又称绝对体积法，这个方法是假设混凝土组成材料绝对体积的总和等于混凝土的体积，因而得到下列方程式，并解之。

$$\frac{m_{c0}}{\rho_c}+\frac{m_{g0}}{\rho_g}+\frac{m_{s0}}{\rho_s}+\frac{m_{w0}}{\rho_w}+0.01\alpha=1 \tag{3.6}$$

$$\beta_s=\frac{m_{s0}}{m_{g0}+m_{s0}}\times100\% \tag{3.7}$$

式中　m_{c0}——每立方米混凝土的水泥用量，kg/m³；

　　　m_{g0}——每立方米混凝土的粗骨料用量，kg/m³；

　　　m_{s0}——每立方米混凝土的细骨料用量，kg/m³；

　　　m_{w0}——每立方米混凝土的用水量，kg/m³；

　　　ρ_c——水泥密度，可取 2900～3100，kg/m³；

　　　ρ_g——粗骨料的视密度，g/cm³；

　　　ρ_s——细骨料的视密度，g/cm³；

　　　ρ_w——水的密度，kg/m³，可取 1000kg/m³；

　　　α——混凝土含气量百分数，%，在不使用含气型外掺剂时可取 $\alpha=1$；

　　　β_s——砂率，%。

在上述关系式中，ρ_g 和 ρ_s 应按《普通混凝土用碎石或卵石质量标准及检验方法》(JGJ 53—92) 及《普通混凝土用砂、石质量及检验方法标准》(JGJ 52—2006) 所规定的方法测得。

重量法：重量法又称为假定重量法，这种方法是假定混凝土拌和料的重量为已知，从而可求出单位体积混凝土的骨料总用量（重量），进而分别求出粗、细骨料的重量，得出混凝土的配合比。方程式如下：

$$m_{c0}+m_{g0}+m_{s0}+m_{w0}=m_{cp} \tag{3.8}$$

$$\beta_s=\frac{m_{s0}}{m_{g0}+m_{s0}}\times100\% \tag{3.9}$$

式中　m_{cp}——每立方米混凝土拌和物的假定重量，kg/m³，其值可取 2350～2450kg/m³；

　　　其他符号含义同体积法。

在上述关系式中，m_{cp} 可根据本单位累积的试验资料确定。在无资料时，可根据骨料的密度、粒径以及混凝土强度等级，在 2350～2450kg/m³ 的范围内选取。

(2) 普通混凝土拌和物的试配和调整。

按照工程中实际使用的材料和搅拌方法，根据计算出的配合比进行试拌。混凝土试拌的数量不应少于表 3.8 所规定的数值，如需要进行抗冻、抗渗或其他项目试验，应根据实际需要计算用量。采用机械搅拌时，拌和量应不小于该搅拌机额定搅拌量的四分之一。

表 3.8 混凝土试配的最小搅拌量

骨料最大粒径/mm	拌和物数量/L
31.5 及以下	15
40	25

如果试拌的混凝土坍落度不能满足要求或保水性不好，应在保证水灰比的条件下相应调整用水量或砂率，直到符合要求为止，然后提出供检验混凝土强度用的基准配合比。混凝土强度试验的试块边长应不小于表 3.9 的规定。

表 3.9 混凝土立方体试块边长

骨料最大粒径/mm	试块边长/mm
≤30	$100 \times 100 \times 100$
≤40	$150 \times 150 \times 150$
≤60	$200 \times 200 \times 200$

制作混凝土强度试块时，至少应采用三个不同的配合比，其中一个是按上述方法得出的基准配合比，另外两个配合比的水灰比，应较基准配合比分别增加和减少 0.05，其用水量应该与基准配合比相同，但砂率值可分别增加和减少 1%。

当不同水灰比的混凝土拌和物坍落度与要求值的差超过允许偏差时，可通过增、减用水量进行调整。

制作混凝土强度试件时，尚需试验混凝土的坍落度、黏聚性、保水性及混凝土拌和物的表观密度，作为代表这一配合比的混凝土拌和物的各项基本性能。

每种配合比应至少制作一组（3 块）试件，标准养护 28 天后进行试压；有条件的单位也可同时制作多组试件，供快速检验或较早龄期的试压，以便提前提出混凝土配合比供施工使用；但以后仍必须以标准养护 28 天的检验结果为准，据此调整配合比。

经过试配和调整以后，便可按照所得的结果确定混凝土的施工配合比。由试验得出的各水灰比值的混凝土强度，用作图法或计算求出混凝土配制强度（$f_{cu,0}$）相对应的水灰比。这样，初步定出混凝土所需的配合比，其值为：

用水量（m_w）——取基准配合比中的用水量值，并根据制作强度试件时测得的坍落度值或维勃稠度加以适当调整。

水泥用量（m_c）——以用水量乘以经试验选定出来的灰水比计算确定。

粗骨料（m_g）和细骨料（m_s）用量——取基准配合比中的粗骨料和细骨料用量，按选定灰水比进行适当调整后确定。

按上述各项定出的配合比算出混凝土的表观密度计算值 $\rho_{c,c}$：

$$\rho_{c,c} = m_c + m_g + m_s + m_w \tag{3.10}$$

再将混凝土的表观密度实测值除以表观密度计算值，得出配合比校正系数 δ：

$$\delta = \rho_{c,t} / \rho_{c,c} \tag{3.11}$$

式中　$\rho_{c,t}$——混凝土表观密度实测值，kg/m³；

　　　$\rho_{c,c}$——混凝土表观密度计算值，kg/m³。

当混凝土混凝土表观密度实测值与计算值之差的绝对值不超过计算值的 2% 时，按上述确定的配合比即为确定的设计配合比，当二者之差超过 2% 时，应将混凝土配合比中每项材料用量均乘以校正系数 δ，即为最终确定的配合比设计值。

(3) 掺矿物掺合料的混凝土配合比设计：

1) 设计原则。掺矿物掺合料的混凝土的设计强度等级、强度保证率、标准差及离差系数等指标应与基准混凝土相同，配合比设计以基准混凝土配合比为基础，按等稠度、等强度的等级原则等效置换，并应符合《普通混凝土配合比设计规程》（JGJ 55—2011）的规定。

2) 设计步骤：

a. 根据设计要求，按照《普通混凝土配合比设计规程》（JGJ 55—2011）进行基准配合比设计；

b. 可按表 3.10 选择矿物掺合料的取代水泥百分率（β_c）。

表 3.10　　　　　　　　　　　　取代水泥百分率（β_c）　　　　　　　　　　　%

矿物掺合料种类	水灰比或强度等级	取代水泥百分率（β_c）		
		硅酸盐水泥	普通硅酸盐水泥	矿渣硅酸盐水泥
粉煤灰	≤0.40	≤40	≤35	≤30
	>0.40	≤30	≤25	≤20
粒化高炉矿渣粉	≤0.40	≤70	≤55	≤35
	>0.40	≤50	≤40	≤30
沸石粉	≤0.40	10～15	10～15	5～10
	>0.40	15～20	15～20	10～15
硅灰	C50 以上	≤10	≤10	≤10
复合掺合料	≤0.40	≤70	≤60	≤50
	>0.40	≤55	≤50	≤40

注　高钙粉煤灰用于结构混凝土时，根据水泥品种不同，其掺量不宜超过以下限制：矿渣硅酸盐水泥，不大于 15%；普通硅酸盐水泥，不大于 20%；硅酸盐水泥，不大于 30%。

c. 按所选用的取代水泥百分率（β_c），求出每立方米矿物掺合料混凝土的水泥用量（m_c）：

$$m_c = m_{c0}(1 - \beta_c) \tag{3.12}$$

d. 按表 3.11 选择矿物掺合料超量系数（δ_c）。

表 3.11　　　　　　　　　　　　超量系数（δ_c）

矿物掺合料种类	规格或级别	超量系数
粉煤灰	Ⅰ	1.0～1.4
	Ⅱ	1.2～1.7
	Ⅲ	1.5～2.0

续表

矿物掺合料种类	规格或级别	超量系数
粒化高炉矿渣粉	S105	0.95
	S95	1.0～1.15
	S75	1.0～1.25
沸石粉	Ⅰ级	1.0
复合掺合料	S105	0.95
	S95	1.0～1.15
	S75	1.0～1.25

e. 按超量系数（δ_c）求出每立方米混凝土的矿物掺合料。混凝土的矿物掺合料用量（m_f）：

$$m_f = \delta_c(m_{c0} - m_c) \tag{3.13}$$

式中　m_f——每立方米混凝土中的矿物掺合料用量，kg/m³；

δ_c——超量系数；

m_{c0}——每立方米基准混凝土中的水泥用量，kg/m³；

m_c——每立方米矿物掺合料混凝土中的水泥用量，kg/m³。

f. 计算每立方米矿物掺合料混凝土中水泥、矿物掺合料和细骨料的绝对体积，求出矿物掺合料超出水泥的体积。

g. 按矿物掺合料超出水泥的体积，扣除同体积的细骨料用量。

h. 矿物掺合料混凝土的用水量，按基准混凝土配合比的用水量取用。

i. 根据计算的矿物掺合料混凝土配合比，通过试拌，在保证设计的和易性的基础上，进行混凝土配合比的调整，直到符合要求。

j. 外加剂的掺量应按取代前基准水泥的百分比计。

k. 矿物掺合料混凝土的水灰比及水泥用量、胶凝材料用量应符合表3.12的要求。

表 3.12　　　每立方米混凝土最小水泥及胶凝材料用量和最大水灰比

矿物接合料种类	用途	最小水泥用量/kg	最小胶凝材料用量/kg	最大水灰比
粒化高炉矿渣粉复合接合料	有冻害、潮湿环境中结构	200	300	0.50
	上部结构	200	300	0.55
	地下、水下结构	150	300	0.55
	大体积混凝土	110	270	0.60
	无筋混凝土	100	250	0.70

注　掺粉煤灰、沸石粉和硅灰的混凝土应符合《普通混凝土配合比设计规程》（JGJ 55—2011）中的规定。

2. 实训案例

本实训制作钢筋混凝土构件，混凝土强度采用C20，混凝土位于寒冷地区，年冻融循环次数小于100，混凝土坍落度要求55～70mm，未添加掺合料，钢筋采用Φ6，采用32.5

级普通硅酸盐水泥，粗骨料采用卵石，其中 $\rho_c = 3000\text{kg/m}^3$，$\rho_w = 1000\text{kg/m}^3$，$\rho_s = \rho_g = 2650\text{kg/m}^3$。

3. 仪器、工具

准备混凝土搅拌机、混凝土试模（图 3.1）、磅秤、坍落度筒（图 3.2）、钢制捣棒、钢直尺、万能试验机（图 3.3）等。

图 3.1　混凝土试模　　　　图 3.2　坍落度筒　　　　图 3.3　万能试验机

4. 实训材料准备

每一实训小组（每一实训工位）需用材料见表 3.13。

表 3.13　　　　　　　　　　　每一实训小组需用材料一览表

材料名称	规　　格	数量	备注
砂	中砂	10kg	
碎石	5～40mm	20kg	
水泥	32.5MPa	10kg	
水	自来水	15kg	

3.2.1.3　实训步骤

1. 根据案例要求计算理论配合比

（1）确定混凝土配制强度。

（2）计算水灰比（计算水灰比、验证耐久性）。

（3）确定每立方米的混凝土的用水量。

（4）计算每立方米的混凝土的水泥用量（计算水泥用量、验证耐久性）。

（5）选择砂率。

（6）计算砂石用量。

2. 试配、提出基准配合比

（1）试配时采用计算配合比，拌制 15L 混凝土拌和物。

（2）检验及调整混凝土拌和物性能（检验黏聚性、保水性）。

（3）提出基准配合比（理论配合比经过试配、调整后，确定基准配合比）。

3. 检验强度并确定试验室配合比

（1）强度检验。根据已确定的基准配合比，另外计算两个水灰比较基准配合比分别增加和减少 0.05 的配合比进行混凝土强度试验，用水量与基准配合比相同，砂率分别增加和减少 1‰，每个配合比都试拌 15L 混凝土拌和物，经观察黏聚性和保水性均良好，根据混凝土 28 天强度试验结果，用作图法求出与混凝土配制强度相对应的灰水比关系曲线图，由图确定相应于配制强度（案例要求）的水灰比值。

（2）确定实验室配合比。根据强度试验结果确定每立方米混凝土的材料用量。经强度确定后的配合比还应按表观密度进行校正。

4. 换算施工配合比

按照施工现场测得的砂、石含水率，再计算施工配合比。

3.2.1.4 质量要求

（1）任务单填写完整、内容准确、书写规范。

（2）计算过程要详细。

（3）混凝土强度试验操作步骤正确，压力试验机使用规范。

（4）各小组自评要有书面材料，小组互评要实事求是。

3.2.1.5 学生实训任务单

学生实训任务单见表 3.14～表 3.16。

表 3.14　　　　　　　　　　混凝土配合比设计实训考核表

姓名：		班级：		指导教师：		总成绩：	
相关知识				评分权重 15%		成绩：	
1. 普通混凝土的组成材料与各自的技术要求							
2. 混凝土拌和物和易性的检验方法							
3. 混凝土强度检验方法							
实训知识				评分权重 15%		成绩：	
1. 根据案例和材料性质，计算理论配合比							
2. 按照理论配合比进行混凝土的试配应注意的事项有哪些？							
3. 如何提出基准配合比？							
4. 如何确定实验室配合比？							
5. 施工配合比如何计算？							
6. 制作混凝土试块的注意事项有哪些？							
7. 混凝土试块的养护设备及要求							
考核验收				评分权重 50%		成绩：	
	项　　目	要求及允许偏差	检验方法	验收记录		分值	得分
1	正确选择试验仪器	全部正确	检查			5	
2	选择合理的试验材料	全部正确	检查			5	
3	计算理论配合比	计算正确	观察、检查			10	

续表

	项　目	要求及允许偏差	检验方法	验收记录	分值	得分
4	按照理论配合比试配，称量各种材料用量	计算准确 称量精确 （水泥、水，±0.3％；骨料，±0.5％）	观察、检查		5	
5	用混凝土搅拌机拌和，注意加料顺序	按照石子、水泥、砂子、水一次加料，拌和 2～3min	观察、检查		5	
6	混凝土拌和物和易性检验（坍落度试验）	除了坍落度外，还需要目测：棍度、黏聚性、含砂情况、析水情况	观察、检查		5	
7	根据坍落度试验调整、提出基准配合比	调整理由及依据	问答、观察、检查		10	
8	按照基准配合比试配、成型、养护	试模规格、养护方法	观察、检查		10	
9	混凝土抗压强度试验	试验方法正确，记录计算准确	观察、检查		10	
10	根据压力试验机强度试验结果，绘制强度与灰水比的关系图，确定案例要求强度所对应的灰水比，确定实验室配合比	绘图准确、选择依据明确	问答、观察、检查		10	
11	测量现场骨料含水率	检测方法得当、结果准确	观察、检查		5	
12	根据现场骨料情况计算施工配合比	计算准确	观察、检查		10	
13	任务单（表3.15）填写	完整、正确	检查		5	
14	设备及材料的归位	作业面的清理，场地干净，设备清理归位	观察、检查		5	

实训质量检验记录及原因分析			评分权重 10％	成绩：
实训质量检验记录		质量问题分析	防治措施建议	
实训心得			评分权重 10％	成绩：

表 3.15　　　　　　　　　　　混凝土配合比通知单

混凝土配合比通知单		验收记录	成绩	
＿＿＿＿＿＿标　　　　　　　　编号：＿＿＿＿			分值	得分
施工单位（拟定）				
理论配合比（kg/m³）	水泥：砂子：碎石		20	
水灰比			10	
施工配合比（kg/m³）	水泥：砂子：碎石		20	
搅拌机用量比			10	
砂含水率/%	碎石含水率/%			
水泥品种编号	减水剂品种		10	
施工日期			10	
承包商质检负责人签字(拟定)			5	
现场监理签字（拟定）			5	

表 3.16　　　　　　　　　　　混凝土配合比计算表

混凝土配合比计算过程	
混凝土和易性测定及试拌调整	
混凝土施工配合比计算	

79

3.2.2 项目二：水工混凝土拌制与检测

3.2.2.1 教师教学指导参考（教学进程表）

教学进程见表 3.17。

表 3.17　　　　　　　　　　　　　水工混凝土拌制与检测教学进程表

学习任务		水工混凝土拌制与检测				
教学时间（学时）		6		适用年级		综合实训
教学目标	知识目标	掌握水工混凝土的拌制与检测				
	技能目标	按照施工配合比进行混凝土的拌和并进行检测				
	情感目标	学习实训课程的目的是使学生掌握混凝土拌制的实际操作的基本知识和基本技能，培养学生严肃认真、一丝不苟、理论联系实际、实事求是的工作作风，提高学生利用专业知识认识问题、分析问题、解决问题的综合能力				
教学过程设计						
时间	教学流程	教学法视角	教学活动	教学方法	媒介	重点
10min	安全、防护教育	引起学生的重视	师生互动、检查	讲解	图片	使用设备安全性
20min	课程导入	激发学生的学习兴趣	布置任务、下发任务单、提出问题	项目教学引导	图片、工具、材料	分组应合理、任务恰当、问题难易适当
30min	学生自主学习	学生主动积极参与讨论及团队合作精神培养	根据提出的任务单及问题进行讨论、确定方案	项目教学小组讨论	教材、材料、卡片	理论知识准备
25min	演示	教师提问、学生回答	工具、设备的使用；规范的应用	课堂对话	设备、工具、施工规范	注重引导学生，激发学生的积极性
45min	模仿（教师指导）	组织项目实施、加强学生动手能力	学生在实训基地完成设备的实际操作	个人完成小组合作	设备、工具、施工规范	注意规范的使用
90min	自己做	加强学生动手能力	学生分组完成施工机械的布置任务	小组合作	设备、工具、施工规范	注意规范的使用、设备的正确操作
20min	学生自评	自我意识的觉醒，有自己的见解，培养沟通、交流能力	检查操作过程、数据书写及规范应用的正确性	小组合作	施工规范、学生工作记录	学生检查的流程及态度
20min	学生汇报、教师评价、总结	学生汇报总结性报告，教师给予肯定或指正	每组代表展示实操成果并小结，教师点评与总结	项目教学学生汇报小组合作	投影、白板	注意对学生的表扬与鼓励

3.2.2.2 实训准备

1. 知识准备

混凝土的拌制，就是按一定配合比，将水泥、粗、细骨料、水、掺合料及外加剂制成混凝土拌和物的施工工序，是混凝土施工中的重要环节之一。合理设计混凝土生产的工艺流程，正确选定拌制系统生产设备型号和生产能力，科学合理布置拌和厂，严格控制拌和质量，对保证混凝土质量、缩短工期、降低成本都具有重要的作用。

混凝土拌制是一个工艺复杂且机械化、自动化程度较高的一个工序，其生产流程如图3.4所示。

拌制混凝土的目的在于使形状不同、粗细不同的散状物料拌制成混合均匀、颜色一致、并具有一定的匀质性和所要求的流动性的混凝土拌和物。混凝土拌制主要有两个环节：配料与拌和。

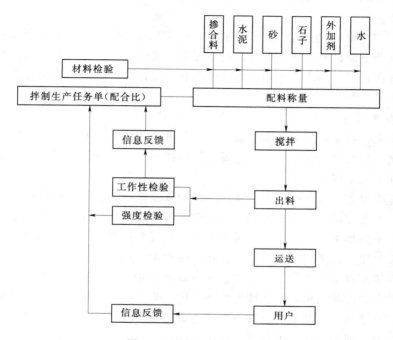

图 3.4　混凝土拌制工艺图

（1）配料。配料的关键是骨料、水泥、水、外加剂的配合比要准确。混凝土拌和必须按照试验部门签发并经审核的混凝土配料单进行配料，严禁擅自更改。混凝土组成材料的配料量均以重量计。依据《水工混凝土施工规范》（SL 677—2014）规定，称量的允许偏差不应超过表3.18的规定。

表 3.18　　　　　　　　　　　混凝土材料称量的允许偏差

材　料　名　称	称量允许偏差/%
水泥、掺合料、水、冰、外加剂溶液	±1
骨料	±2

1）骨料配置。粗略的可以人工用箩筐、手推车估量配置，较精确的则应结合使用磅秤配料。人工配料劳动强度大，效率低，只适于小型工地。中型工地要求较高，多用轻轨斗车、机动翻斗车、带式运输机与磅秤或者电动杠杆秤联动的配料装置，这是一种半自动化的配料方式，操作简单方便，生产效率较高。大型重要工程配料要求精确度高，生产效率高，因此都要设置专门的全自动化配料系统。

2) 水泥。水泥有袋装和散装之分。袋装水泥一般直接以一袋为基准,加入一定的骨料和水。这种方法的优点是,配料简单,但是配料比不准确,加入的水泥不是多就是少,往往会影响搅拌质量。在小型工程施工中采用较多。散装水泥一般用磅秤、电子秤称量水泥,配料比能够得到控制。

3) 水和外加剂。外加剂大都先根据剂量配比配成稀释溶液与水一起使用。在混凝土拌和机上,一般都设有虹吸式量水器,在水通过管道注入拌和机内时,实现自动量水。

(2) 拌和:

1) 混凝土的拌和方法。混凝土的施工工艺和管理水平直接影响混凝土的最终质量。在合理选择混凝土原材料和确定配合比的前提下,采用正确的拌和方法和合理的施工工序是使混凝土获得密实、低渗透性和高耐久性的有效途径,混凝土拌和的方法有人工搅拌和机械搅拌两种。

a. 人工搅拌。

近几十年来,我国在施工技术领域虽得到了迅速的发展,但在一些偏僻、交通不便的地区,要拌制数量不多的混凝土,还是要人工搅拌的。人工搅拌的混凝土质量差,水泥耗量多,只有在工程量很少时采用。

人工拌搅拌混凝土应在铁板上、清洁平整的水泥地面或砖铺地面进行,一般采用"三干三湿"法,即先按配合比进行备料,然后把沙子摊平,将水泥倒在沙子上,用锹干拌 2 遍,再加入石子翻拌 1 遍,此后,边缓慢加水,边反复搅拌(至少拌 3 次),直至石子全部被水泥砂浆包住,无离析现象为止,拌和后应在 45 分钟内用完。

另一种方法是将干拌均匀的水泥和砂堆成圆形,中间呈凹窝状,将石子倒入凹窝中,再倒入 2/3 左右的拌和用水,一边搅拌,一边将砂浆往石子堆上盖。在搅拌过程中要防止稀浆向外流,当拌至石子基本混合以后,便进行翻拌,边翻拌边洒水,在较干处多洒,较湿处少洒,直至把剩余的拌和水洒完。

b. 机械搅拌。

混凝土的机械搅拌,就是利用混凝土搅拌机械,在混凝土施工配合比的控制下,按一定的投料顺序、拌制时间将水泥、粗细骨料、水、掺合料及外加剂制成混凝土拌和物的过程。混凝土的搅拌过程是搅拌机械与拌和料相互作用的动态过程。在搅拌过程中,拌和料的状态、结构,性能都发生着变化。基于混凝土结构流变特性的理论分析和试验研究,完善的搅拌过程应由循环流动与扩散运动良好的配合来完成,这样才能保证混凝土在宏观及微观上的均匀性。

现有的混凝土搅拌方式分为自落式和强制式两种。自落式搅拌靠叶片对拌和料进行反复的分割提升及洒落,从而使物料的相对位置不断进行重新分布,而跌落时的冲击加强了这种拌和作用。但这种搅拌方式的强度只适合于普通塑性混凝土的拌和,对于干硬性混凝土和轻骨料混凝土的搅拌效果不理想。强制式搅拌可强制物料按预定轨迹运动,对塑性和干硬性混凝土都可进行有效拌和,但强制式搅拌的转速如果太高会使搅拌叶片剧烈磨损,而且混合料易离析,但转速太低又会使搅拌时间延长,生产效率降低。

为了保证混凝土拌和物的搅拌质量,除了正确选定搅拌方式及设备外,还要确定正确的搅拌制度,如转速、搅拌时间、装料容积及投料次序等。

(a) 搅拌鼓筒的转速。自落式搅拌机的鼓筒最佳转速以 60r/min 为宜。强制式搅拌机鼓筒的转速为 6～7r/min，叶片转轴的速度为 30r/min。

　　(b) 搅拌时间。搅拌时间影响混凝土质量及搅拌机生产率，搅拌时间应保证混凝土拌和物的质量。搅拌时间短，混凝土不均匀，混凝土和易性将降低；搅拌时间过长，不仅降低了生产率，而且混凝土的和易性又将重新降低。轻骨料混凝土宜采用强制式搅拌机搅拌，但搅拌时间应延长 60～90s。掺加混合料、外加剂及冰时，可延长搅拌时间，混凝土搅拌质量与搅拌时间有关，混凝土搅拌时间要求如表 3.19 所示。新拌混凝土的均匀性应经常检查，确保搅拌质量。混凝土拌和物颜色均一，无明显砂粒及水泥团，石子完全被砂浆包裹，说明其拌和较均匀。

表 3.19　　　　　　　　　　　混凝土最少拌和时间

拌和机容量 Q/m^3	最大骨料粒径/mm	最少拌和时间/s	
		自落式拌和机	强制式拌和机
$0.8 \leqslant Q \leqslant 1$	80	90	60
$1 \leqslant Q \leqslant 3$	150	120	75
$Q > 3$	150	150	90

注　1. 入机拌和量应在拌和机额定容量的 110% 以内。

　　2. 加冰混凝土的拌和时间应延长 30s（强制式 15s），出机的混凝土拌和物中不应有冰块。

　　(c) 装料容积。装料容积一般为搅拌机几何体积的 1/2～1/3。一次搅拌好的混凝土体积称为"出料体积"，约为"装料容积"的 55%～75%。在加料前要根据施工配合比和工地搅拌机的型号，确定搅拌时原材料的每次投料量。

　　(d) 投料次序。计算好每次投料数量后就要按一定的加料顺序投料。投料次序有一次投料、二次投料、多次投料等几种。

　　一次投料法是在上料斗中按石子、水泥、砂子次序投料入斗，在料斗投料入机的同时，加入全部拌和用水进行搅拌。这种上料顺序使水泥夹在石子和砂中间，上料时不致飞扬，又不致黏住斗底，且水泥和砂先进入搅拌筒形成水泥砂浆，可缩短包裹石子的时间。

　　二次投料法是先将砂、水泥及水投入搅拌机内，拌制成砂浆，然后加入石子搅拌成混凝土，这种投料方法能使水泥颗粒充分分散，并包裹在砂子表面，这种拌和均匀的水泥砂浆又将石子均匀地裹住，从而改善了混凝土的流动性。它的优点是克服了一次投料搅拌混凝土常出现的分层泌水现象。在相同配合比例的情况下，同一台搅拌机二次投料比一次投料混凝土的和易性好，在不减少水泥的情况下，坍落度有所提高，强度也可提高 10%～20%；当采用同机型二次投料减少水泥 10% 后，强度仍比一次投料平均提高 10% 左右。但是二次投料在水灰比较小（0.4 以下）时，混凝土不易充分搅拌均匀，故强度增长率不大；只有当水灰比在 0.5～0.7 左右时，能得到较好的效果。

　　一、二次投料法中凝胶材料分布不均，骨料界面形成水膜，为改善混凝土骨料的界面胶结关系，条件允许时可采用多次投料法。多次投料搅拌混凝土，又叫造壳混凝土（S.E.C 混凝土），其机理是在骨料外表面造成一层水泥浆体，以提高混凝土的性能，其抗压、抗拉和握裹力强度比一次投料混凝土提高 10%～30%，抗渗性提高 30% 以上。多次投料搅拌混凝土的投料次序见表 3.20。

表 3.20　　　　　　　　　　多次搅拌混凝土的投料次序

名称	第 一 次	第 二 次	第 三 次
砂浆法	水$_1$、砂、水泥	粗骨料、水$_2$、外加剂	
净浆法	水$_1$、水泥	水$_2$、砂	粗骨料、水$_3$、外加剂
裹砂法	水$_1$、砂	水泥	粗骨料、水$_3$、外加剂
裹石法	水$_1$、粗骨料	水泥	砂、水$_2$、外加剂
裹砂石法	水$_1$、砂、粗骨料	水泥、水$_2$、外加剂	

2）混凝土拌制的质量控制。由于投入骨料时要黏住一部分砂浆，所以一般第一拌只加规定石子质量的一半，以保证混凝土质量，通称为减半混凝土。

使用外加剂时，先将外加剂溶于水中，再倒入鼓筒搅拌。对搅拌吸水性较大的轻骨料混凝土，为使轻骨料达到充分饱和，避免搅拌过程中的真空吸附现象，一般先投入轻骨料，然后投入 2/3 的拌和水，最后再投入其他材料和 1/3 的拌和水，搅拌时间适当延长。

拌制出的混凝土应经常检查其和易性，如差异较大应检查配料（特别是用水量）是否有误，或者骨料含水量和级配是否发生变动，以便及时进行调整。

（3）混凝土拌制的质量要求：

1）在搅拌工序中，拌制的混凝土拌和物的均匀性应按要求进行检查。在检查混凝土均匀性时，应在搅拌机卸料过程中，从卸料流出量的 1/4～3/4 之间采取试样。检测结果应符合下列规定：

a. 混凝土中砂浆密度，两次测值的相对误差不应大于 0.8％。

b. 单位体积混凝土中粗骨料含量，两次测值的相对误差不应大于 5％。

2）混凝土搅拌的最短时间应符合表 3.19 的规定，混凝土的搅拌时间，每一工作班至少应抽查两次。

3）混凝土搅拌完毕后，应按下列要求检测混凝土拌和物的各项性能：

a. 混凝土拌和物的稠度，应在搅拌地点和浇筑地点分别取样检测。每工作班不应少于 1 次。评定时应以浇筑地点的为准。在检测坍落度时，还应观察混凝土拌和物的黏聚性和保水性，全面评定拌和物的和易性。

b. 根据需要，如应检查混凝土拌和物的其他质量指标时，检测结果也应符合各自的要求，如含气量、水灰比和水泥含量等。

4）混凝土拌和物出现下列情况之一者，按不合格料处理：

a. 错用配料单已无法补救，不能满足质量要求。

b. 混凝土配料时，任意一种材料计量失控或漏配，不符合质量要求。

c. 拌和不均匀或夹带生料。

d. 出机口混凝土坍落度超过最大允许值。

2. 实训案例

某水利工程修建时，1m³ 混凝土施工配合为水泥∶水∶砂子∶石子＝1∶0.45∶2.5∶3.9，石子组合比为大石∶中石∶小石＝4∶3∶3，试进行混凝土拌制实训。

3. 工具设备准备

（1）设备机具：混凝土搅拌机、磅秤、坍落度筒、手推车、插入式振捣器、砂浆称量器、压力实验机、混凝土回弹仪等。

（2）辅助机具：2m 刮杠、木抹子、尺子、灰桶、线绳、铁锹、铁耙、棒式温度计或酒精温度计等。

4. 材料准备

实训每一小组（每一实训工位）需用材料见表 3.21。

表 3.21　　　　　　　　　　　　每实训小组需用材料一览表

材料名称	规格	数量	备注
砂	中砂	5kg	
碎石	5～40mm	10kg	
水泥	32.5MPa	2kg	
水	自来水	5kg	

水泥、砂、石等各种材料应符合以下要求：

（1）水泥：水泥的品种、标号、厂别及牌号应符合混凝土配合比通知单的要求。水泥应有出厂合格证及进场试验报告。

（2）砂：砂的粒径及产地应符合混凝土配合比通知单的要求。

（3）石子（碎石或卵石）：石子的粒径、级配及产地应符合混凝土配合比通知单的要求。

（4）水：宜采用饮用水。其他水的水质必须符合《混凝土用水标准》（JGJ 63—2006）的规定。

（5）外加剂：所用混凝土外加剂的品种、生产厂家及牌号应符合配合比通知单的要求，外加剂应有出厂质量证明书及使用说明。国家规定要求认证的产品，还应有准用证件。

5. 现场准备

（1）浇筑混凝土层段的模板、钢筋、预埋铁件及管线等全部安装完毕并验收合格。

（2）浇筑混凝土用架子及走道已支搭完毕，运输道路及车辆准备完成，经检查合格。

（3）与浇筑面积匹配的混凝土工及振捣棒数量。

（4）电子计量器经检查衡量准确、灵活，振捣器（棒）经检验试运转正常。

（5）混凝土浇筑令已签发。

（6）做好防雨措施。

3.2.2.3 实训步骤

1. 施工工艺流程

混凝土拌制施工工艺流程：作业准备→材料计量→搅拌→运输→混凝土浇筑、振捣→拆模及养护→强度检验。

2. 实训步骤

（1）小组分工，明确自己的工作任务。

（2）投料前配合比的调整。根据试验室已下达的混凝土配合比通知单，并将其转换为每盘实际使用的施工配合比，并张贴于搅拌配料地点的标牌上。

（3）每台班开始前，对搅拌机及上料设备进行检查并试运转；对所用计量器具进行检查；校对施工配合比；对所用原材料的规格、品种、产地、牌号及质量进行检查，并与施工配合比进行核对；对砂、石的含水率进行检查，如有变化，及时通知试验人员调整用水量。一切检查符合要求后，方可开盘拌制混凝土。

（4）配料：

1）砂、石：用手推车上料时，必须车车过磅，卸多补少。砂、石计量的允许偏差应≤±3%。

2）水泥：搅拌时采用袋装水泥时，对每批进场的水泥应抽查 10 袋的重量，并计量每袋的平均实际重量。小于标定重量的要开袋补足，水泥计量的允许偏差应不大于±2%。

3）外加剂及混合料：对于粉状的外加剂和混合料，应按施工配合比每盘的用料，预先在外加剂和混合料存放的仓库中进行计量，并以小包装运到搅拌地点备用。液态外加剂要随用随搅拌，并用比重计检查其浓度，用量桶计量。外加剂、混合料的计量允许偏差应不大于±2%。

4）水：水必须盘盘计量，其允许偏差应不大于±2%。

（5）上料。现场拌制混凝土，一般是计量好的原材料倾倒入上料斗中，经上料斗进入搅拌筒。水及液态外加剂经计量后，在往搅拌筒中进料的同时，直接进入搅拌筒。原材料汇集入上料斗的顺序如下：

1）当无外加剂、混合料时，依次进入上料斗的顺序为石子、水泥、砂。

2）当掺混合料时，其顺序为石子、水泥、混合料、砂。

3）当掺干粉状外加剂时，其顺序为石子、外加剂、水泥、砂，或石子、水泥、砂子、外加剂。

（6）搅拌：

1）搅拌要求：

a. 混凝土拌制前，应先加水使搅拌筒空转数分钟，搅拌筒被充分湿润后，将剩余积水倒净。

b. 搅拌第一盘时，由于砂浆黏筒壁而损失，因此，石子的用量应按配合比减半。

c. 从第二盘开始，按给定的配合比投料。

2）搅拌时间及出料：

a. 混凝土搅拌的最短时间应按表 3.19 控制。

b. 出料：出料时，先少许出料，目测拌和物的外观质量，如目测合格方可出料。每盘混凝土拌和物必须出尽并用手推车运送至浇筑地点。

（7）混凝土拌制的质量检查：

1）检查拌制混凝土所用原材料的品种、规格和用量，每一个工作班至少两次。

2）检查混凝土的坍落度及和易性，每一工作班至少两次。混凝土拌和物应搅拌均匀、颜色一致，具有良好的流动性、黏聚性和保水性，不泌水、不离析。不符合要求时，应查找原因，及时调整。

3）在每一工作班内，当混凝土配合比由于外界影响有变动时（如下雨或原材料有变化），应及时检查。

4）混凝土的搅拌时间应随时检查。

5）混凝土试块的留置。根据《混凝土结构工程施工质量验收规范》（GB 50204—2015）的规定，混凝土结构工程施工应按规定留置标准养护混凝土强度试块。混凝土强度试件应在混凝土的浇筑地点随机抽取。取样与试件留置应符合下列规定：①每拌制 100 盘且不超过 100m³ 的同配合比的混凝土，取样不得少于一次；②每工作班拌制的同一配合比的混凝土不足 100 盘时，取样不得少于一次；③当一次连续浇筑超过 1000m³ 时，同一配合比的混凝土每 200m³ 取样不得少于一次；④每一楼层、同一配合比的混凝土，取样不得少于一次；⑤每次取样应至少留置一组标准养护试件，同条件养护试件的留置组数应根据实际需要确定。

（8）拌制质量小组自评，小组互评。

（9）拌制混凝土的浇筑。

（10）实训工具、材料整理，场地清洁。

（11）混凝土强度检验：

1）用回弹仪测定混凝土试件强度：

a. 回零：将回弹仪弹击杆顶住混凝土测试面，轻压尾盖，定位钩销脱开导向法兰；慢慢抬起仪器，在压缩弹簧作用下，弹击杆伸出，挂钩与弹击锤挂上，同时导向法兰将指针滑块带到零位，即指针滑块上红刻线与刻度尺零线重合。

b. 回弹仪测定：将已伸出的弹击杆对准混凝土测试面上测点，均匀缓慢推压回弹仪，弹击杆被压入回弹仪，弹击弹簧拉伸；当仪器推压到一定位置时，导向法兰上的挂钩背部与尾部调整螺栓头端面接触并开始转动，到挂钩脱开弹击锤的瞬间，弹击拉簧伸长度达到规定的标准长度 75mm，此时仪器得到了标称能量 2.207N·m，弹击锤处于一触即发的状态。这一操作过程应始终保持回弹仪轴心垂直于测试面，切忌推压用力过猛，速度过快。

c. 读取回弹值：当弹击锤与弹击杆碰撞后第一次碰撞回跳时将指针滑块带到一定位置（通过弹簧片），此后应继续压住回弹仪，并从指针滑块刻线所对应的读尺刻线读取回弹值 R_i；若不便读数，可按动按钮锁住机芯，保留指针滑块的位置，然后将回弹仪拿到便于读数处读取回弹值。以上是一次弹击测试操作过程，并获得一个测点的回弹值 R_i。重复上述操作过程便可得到所需要的测点回弹值。

2）压力实验机测定混凝土试件强度：

a. 将压力试验机上下承压板面擦干净。

b. 将试件安放在试验机的下压板或垫板上，试件的承压面应与成型时的顶面垂直。试件的中心应与试验机下压板中心对准，开动试验机，当上压板与试件或钢垫板接近时，调整球座，使接触均衡。

c. 在试验过程中应连续均匀地加荷，混凝土强度等级小于 C30 时，加荷速度取每秒钟 0.3～0.5MPa；混凝土强度等级不小于 C30 且小于 C60 时，取每秒钟 0.5～0.8MPa；混凝土强度等级不小于 C60 时，取每秒钟 0.8～1.0MPa。

d. 当试件接近破坏、开始急剧变形时，应停止调整试验机油门，直至破坏，然后记录破坏荷载。

e. 立方体抗压强度试验结果计算及确定：

$$f_{cu} = F/A$$

式中　f_{cu}——混凝土立方体试件抗压强度，MPa；

F——试件破坏荷载，N；

A——试件承压面积，mm^2。

混凝土立方体抗压强度计算应精确到 0.1MPa，将实验所测数据计入实验数据记录表。

3.2.2.4　质量要求

（1）拌制混凝土时，必须严格遵守试验室签发的混凝土配料单进行配料，严禁擅自更改。

（2）水泥、砂石、掺合料、片冰均应以重量计，水及外加剂溶液可按重量折算成体积，称量偏差应符合要求。

（3）施工前，应结合工程的混凝土配合比情况，检验拌和设备的性能，如发现不相适应时，应适当调整混凝土的配合比；有条件时，也可调整拌和设备的速度、片结构等。

（4）在混凝土拌和过程中，应根据气候条件定时地测定砂、石骨料的含水量（尤其是砂子的含水量）；在降雨的情况下，应相应地增加测定次数，以便随时调整混凝土的加水量。

（5）在混凝土拌和过程中，应采取措施保持砂、石、骨料含水率稳定，砂子含水率应控制在 6％以内。

（6）掺有掺合料（如粉煤灰等）的混凝土进行拌和时，掺合料可以湿掺也可以干掺，但应保证掺和均匀。

（7）如使用外加剂，应将外加剂溶液均匀配入拌和用水中。外加剂中的水量，应包括在拌和用水量之内。

（8）必须将混凝土各组分拌和均匀。拌和程序和拌和时间应通过试验决定。

（9）拌和设备应经常进行规定项目的检验。

（10）如发现拌和机及叶片磨损，应立即进行处理。

（11）任务单填写完整、内容准确、书写规范。

（12）各小组自评要有书面材料，小组互评要实事求是。

3.2.2.5　学生实训任务单

学生实训任务单见表 3.22、表 3.23。

表 3.22　　　　　　　　　　　混凝土配合比计算表

姓名：		班级：	指导教师：		总成绩：
基础知识			评分权重10%		成绩：
1. 普通混凝土的组成材料与各自的技术要求					
2. 混凝土拌和物和易性的检验方法					
数据记录及拌和物材料用量			评分权重20%		成绩：
混凝土计算配合比					
材料名称		规格	数量		备注
水泥					
砂					
碎石					
水					
拌和物坍落度测量值					
拌和物和易性评定					

考核验收				评分权重50%	成绩：
	项 目	要求及允许偏差	检验方法	验收记录	分值	得分
1	正确选择试验仪器	全部正确	检查		5	
2	选择合理的试验材料	全部正确	检查		5	
3	计算理论配合比	计算正确	观察、检查		10	
4	按照理论配合比试配，称量各种材料用量	计算准确，称量精确（水泥、水，±0.3％；骨料，±0.5％）	观察、检查		5	
5	用混凝土搅拌机拌和，注意加料顺序	按照石子、水泥、砂子、水一次加料，拌和2～3min	观察、检查		5	
6	混凝土拌和物和易性检验（坍落度试验）	除了坍落度外，还需要目测：棍度、黏聚性、含砂情况、析水情况	观察、检查		10	
7	根据坍落度试验调整、提出基准配合比	调整理由，依据	问答、观察、检查		10	
8	按照基准配合比试配、成型、养护	试模规格、养护方法	观察、检查		10	
9	混凝土抗压强度试验	试验方法正确，计录计算准确	观察、检查		10	
10	根据强度试验结果，绘制强度与灰水比的关系图，确定案例要求强度所对应的灰水比，确定实验室配合比	绘图准确，选择依据明确	问答、观察、检查		10	
11	测量现场骨料含水率	检测方法得当，结果准确	观察、检查		10	
12	根据现场骨料情况计算施工配合比	计算准确	观察、检查		10	

实训质量检验记录及原因分析			评分权重10%	成绩：
序号	实训质量检验记录	质量问题分析	防治措施建议	

实训心得	评分权重10%	成绩：

表 3.23　　　　　　　　**混凝土抗压强度检测实训考核表**

姓名:			班级:		指导教师:			总成绩:	
基础知识						评分权重 10%		成绩:	
1. 常用混凝土抗压强度等级划分									
2. 混凝土抗压强度测定方法									

数据记录　混凝土强度检验　　评分权重 30%　成绩:

项目	压力实验机测定						回弹仪测定		
试件编号	实际龄期/d	试件规格/mm	试件质量 M/kg	受压面面积 A/mm^2	荷载 F/kN	峰值荷载/kN	加载时间/s	立方体抗压强度 f_{cu}/(N/mm^2)	回弹仪测定的强度/MPa
1									
2									
3									
4									
5									

考核验收　　评分权重 40%　成绩:

	项　目	要求及允许偏差	检验方法	验收记录	分值	得分
1	正确选择试验仪器	全部正确	检查		5	
2	选择合理的试验材料	全部正确	检查		5	
3	使用磅秤称取试件	称量精确	观察、检查		10	
4	用钢卷尺测量试件尺寸	测量精确	观察、检查		20	
5	按照混凝土压力机操作方法规范操作	试验方法正确,记录计算准确	观察、检查		20	
6	在实训中对操作数据的记录与处理	全部正确	观察、检查		20	
7	对实训仪器的清洗与维护及实训室卫生	擦洗干净	检查		10	
8	实训过程中的安全意识,是否遵守实训室规章制度	注重安全,遵守实训室安全制度	观察、检查		5	
9	是否有团队合作意识	小组团结合作、分工明确	观察、检查		5	

实训质量检验记录及原因分析　　评分权重 10%　成绩:

序号	实训质量检验记录	质量问题分析	防治措施建议

实训心得　　评分权重 10%　成绩:

3.2.3 项目三：梁、板、柱混凝土浇筑

3.2.3.1 教师教学指导参考（教学进程表）

教学进程表见表3.24。

表 3.24 梁、板、柱混凝土浇筑教学进程表

学习任务		水工混凝土浇筑实训				
教学时间（学时）		6		适用年级		综合实训
教学目标	知识目标	掌握梁、板、柱混凝土的浇筑工艺				
	技能目标	按照施工技术要求进行混凝土框架梁、消力池板及框架柱的浇筑				
	情感目标	学习实训课程的目的是使学生掌握混凝土浇筑的实际操作的基本知识和基本技能，培养学生严肃认真、一丝不苟、理论联系实际、实事求是的工作作风，提高学生应用专业知识认识问题、分析问题、解决问题的综合能力				
教学过程设计						
时间	教学流程	教学法视角	教学活动	教学方法	媒介	重点
10min	安全、防护教育	引起学生的重视	师生互动、检查	讲解	图片	使用设备安全性
20min	课程导入	激发学生的学习兴趣	布置任务、下发任务单、提出问题	项目教学引导	图片、工具、材料	分组应合理、任务恰当、问题难易适当
30min	学生自主学习	学生主动积极参与讨论及团队合作精神培养	根据提出的任务单及问题进行讨论、确定方案	项目教学小组讨论	教材、材料、卡片	理论知识准备
30min	演示	教师提问、学生回答	工具、设备的使用，规范的应用	课堂对话	设备、工具、施工规范。	注重引导学生，激发学生的积极性
45min	模仿（教师指导）	组织项目实施、加强学生动手能力	学生在实训基地完成设备的实际操作	个人完成小组合作	设备、工具、施工规范	注意规范的使用
225min	自己做	加强学生动手能力	学生分组完成施工机械的布置任务	小组合作	设备、工具、施工规范	注意规范的使用，设备的正确操作
45min	学生自评	自我意识的觉醒，有自己的见解培养沟通、交流能力	检查操作过程，数据书写，规范应用的正确性	小组合作	施工规范、学生工作记录	学生检查的流程及态度
45min	学生汇报、教师评价、总结	学生汇报总结性报告，教师给予肯定或指正	每组代表展示实操成果并小结，教师点评与总结	项目教学、学生汇报、小组合作	投影、白板	注意对学生的表扬与鼓励

3.2.3.2 实训准备

1. 知识准备

（1）浇筑施工准备：

1）制订施工方案。根据工程对象、结构特点，结合具体条件，制定混凝土浇筑的施

工方案。

2）机具准备及检查。搅拌机、运输车、料斗、串筒、振动器等机具设备按需要准备充足，并考虑发生故障时的修理时间。对于重要工程，应有备用的搅拌机和振动器，特别是采用泵送混凝土，一定要有备用泵。所用的机具均应在浇筑前进行检查和试运转，同时配有专职技工，随时检修。浇筑前，必须核实一次浇筑完毕或浇筑至某施工缝前的工程材料，以免停工待料。

3）保证水电及原材料的供应。在混凝土浇筑期间，要保证水、电、照明不中断。为了防备临时停水停电，事先应在浇筑地点储备一定数量的原材料（如砂、石、水泥、水等）和人工拌和捣固用的工具，以防出现意外的施工停歇缝。

4）掌握天气季节变化情况。加强气象预测预报的联系工作。在混凝土施工阶段应掌握天气的变化情况，特别在雷雨台风季节和寒流突然袭击之际，更应注意，以保证混凝土连续浇筑的顺利进行，确保混凝土质量。根据工程需要和季节施工特点，应准备好在浇筑过程中所必需的抽水设备和防雨、防暑、防寒等物资。

5）检查模板、支架、钢筋和预埋件。在浇筑混凝土之前，应检查和控制模板、钢筋、保护层和预埋件等的尺寸、规格、数量和位置，其偏差值应符合现行国家标准《混凝土结构工程施工质量验收规范》（GB 50204—2015）的规定。此外，还应检查模板支撑的稳定性以及模板接缝的密合情况。模板和隐蔽工程项目应分别进行预检和隐蔽验收，符合要求时方可进行浇筑。检查时应注意以下几点：

a. 模板的标高、位置与构件的截面尺寸是否与设计符合；构件的预留拱度是否正确。

b. 所安装的支架是否稳定；支柱的支撑和模板的固定是否可靠。

c. 模板的紧密程度。

d. 钢筋与预埋件的规格、数量、安装位置及构件接点连接焊缝，是否与设计符合。

在浇筑混凝土前，模板内的垃圾、木片、刨花、锯屑、泥土和钢筋上的油污、鳞落的铁皮等杂物，应清除干净。木模板应浇水加以润湿，但不允许留有积水。湿润后，木模板中尚未严密的缝隙应贴严，以防漏浆。金属模板中的缝隙和孔洞也应予以封闭。

检查安全设施、劳动配备是否妥当，能否满足浇筑速度的要求。

6）其他。在地基或基土上浇筑混凝土，应清除淤泥和杂物，并应有排水和防水措施。对干燥的非黏性土，应用水湿润；对未风化的岩石，应用水清洗，但其表面不得留有积水。

（2）浇筑厚度及间歇时间：

1）浇筑层厚度。混凝土浇筑层的厚度应符合表 3.25 的规定。

2）浇筑间歇时间。浇筑混凝土应连续进行。如必须间歇时，其间歇时间宜缩短，并应在前层混凝土凝结之前，将次层混凝土浇筑完毕。混凝土运输、浇筑及间歇的全部时间不得超过表 3.26 规定，当超过规定时间必须设置施工缝。

（3）浇筑质量要求：

1）在浇筑工序中，应控制混凝土的均匀性和密实性。混凝土拌和物运至浇筑地点后，应立即浇筑入模。在浇筑过程中，如发现混凝土拌和物的均匀性和稠度发生较大的变化，应及时处理。

表 3.25   混凝土浇筑层厚度

捣实混凝土的方法		浇筑层的厚度/mm
插入式振捣		振捣器作用部分长度的 1.25 倍
附着式振捣		200
人工捣固	在基础、无筋混凝土或配筋稀疏的结构中	250
	在梁、墙板、柱结构中	200
	在配筋密列的结构中	150
轻骨料混凝土	插入式振捣	300
	附着式振捣	200

表 3.26   混凝土运输、浇筑和间隙的时间   单位：min

混凝土强度等级	气温≤25℃	气温>25℃
≤C30	210	180
>C30	180	150

注 当混凝土中掺有促凝或缓凝型外加剂时，其允许时间应通过试验确定。

2）浇筑混凝土时，应注意防止混凝土的分层离析。混凝土由料斗、漏斗内卸出进行浇筑时，其自由倾落高度一般不宜超过 2m，在钢筋密集结构中浇筑混凝土的高度不得超过 3m，否则应采用串筒、斜槽、溜管等下料。

3）浇筑竖向结构混凝土前，底部应先填以 50～100mm 厚与混凝土成分相同的水泥砂浆。

4）浇筑混凝土时，应经常观察模板、支架、钢筋、预埋件和预留孔洞的情况，当发现有变形、移位时，应立即停止浇筑，并应在已浇筑的混凝土凝结前修整完好。

5）混凝土在浇筑及静置过程中，应采取措施防止产生裂缝。混凝土因沉降及干缩产生的非结构性的表面裂缝，应在混凝土终凝前予以修整。在浇筑与柱和墙连成整体的梁和板时，应在柱和墙浇筑完毕后停歇 1～1.5h，使混凝土获得初步沉实后，再继续浇筑，以防止接缝处出现裂缝。

6）梁和板应同时浇筑混凝土。较大尺寸的梁（梁的高度大于 1m）、拱和类似的结构，可单独浇筑。但施工缝的设置应符合有关规定。

2. 实训案例

（1）混凝土板的浇筑。某水利工程溢洪道消力池的横剖面如图 3.5 所示，消力池底板采用 C25 混凝土，保护层厚度 40mm。实训时建议采用的底板尺寸：长 80cm，宽 60cm，高 40cm。钢筋按图中规格要求加工安装，可用实训室现有的钢筋进行调整。混凝土配合比采用项目一的计算成果。钢筋应备齐案例中用到的所有规格的钢筋，并且数量充足。

（2）混凝土梁的浇筑。某工程基础梁配筋图如图 3.6 所示，采用 C25 混凝土，保护层厚度 40mm。实训时钢筋按图中规格要求加工安装，可用实训室现有的钢筋进行调整。混凝土配合比采用项目一的计算成果。

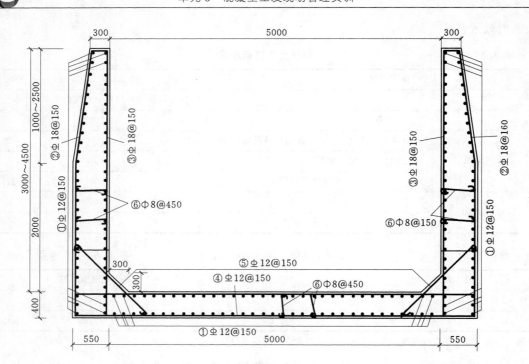

图 3.5　消力池横剖面图（单位：mm）

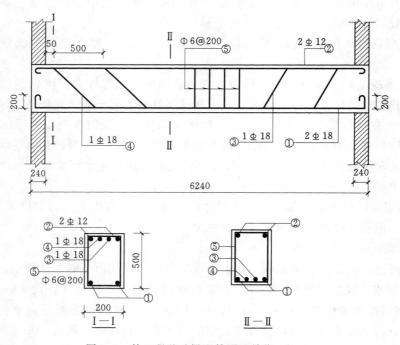

图 3.6　某工程基础梁配筋图（单位：mm）

（3）混凝土柱的浇筑。某工程基础底面施工图中，框架柱配筋如图 3.7 所示，采用 C25 混凝土，保护层厚度 40mm。实训时钢筋按图中规格要求加工安装，可用实训室现有

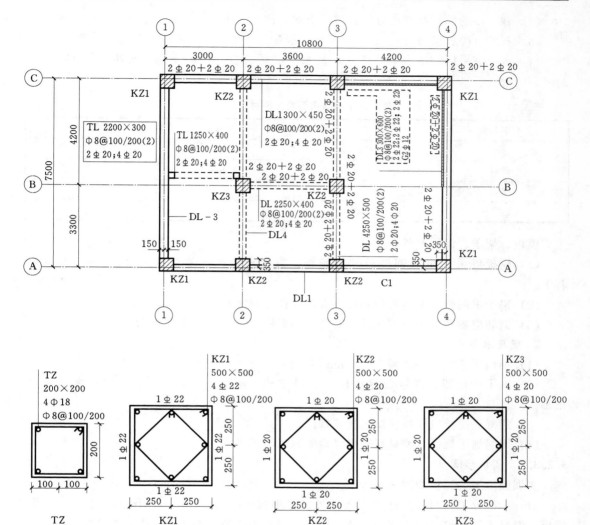

图 3.7　某工程框架柱配筋图

的钢筋进行调整，混凝土配合比采用项目一的计算成果。

3. 工具、设备准备

施工机具：混凝土搅拌机、电子磅秤、机械磅秤、坍落度筒、手推车、插入式振捣器、型材切割机、钢筋弯曲机、钢筋调直机、箍筋弯曲机、箍筋切断机等。

辅助工具：0.6m 刮杠、木抹子、尺子、灰桶、线绳、铁锹、钢筋扎钩、尖尾棘轮扳手、圆锤、卷尺、木据、游标卡尺、混凝土拌和盘、墨斗、棒式温度计或酒精温度计等。

4. 材料准备

实训每一小组需用混凝土原材料见表 3.27。水泥、砂、石等各种材料要符合以下要求：

（1）水泥：水泥的品种、标号、厂别及牌号应符合混凝土配合的要求。水泥应有出厂合格证及进场试验报告。

（2）砂：砂的粒径及产地应符合混凝土配合比的要求。

（3）石子（碎石或卵石）：石子的粒径、级配及产地应符合混凝土配合比的要求。

（4）水：宜采用饮用水。其他水，其水质必须符合《混凝土用水标准》（JGJ 63—2006）的规定。

表 3.27　　　　　　　　　　每实训小组需用混凝土原材料一览表

材料名称	规格	数量	备注
砂	中砂	100kg	
碎石	5～40mm	500kg	
水泥	32.5MPa	200kg	
水	自来水	200kg	

模板、架子、钢筋准备：

（1）模板可采用组合钢模板和竹胶板，数量充足，并备有木方（50mm×40mm）若干。

（2）架子采用脚手架钢管和扣件（直角扣件、对接扣件）。

（3）钢筋应备齐案例中用到的所有规格的钢筋，并且数量充足。

5. 现场准备

（1）场地压实、平整，铺 5～10mm 厚细砂。

（2）电子计量器、机械台秤经检查衡量准确、灵活，振捣器（棒）经检验试运转正常。

（3）混凝土搅拌机经检验试运转正常。

（4）钢筋加工机械、型材切割机经检验试运转正常。

3.2.3.3　实训步骤

实训施工工艺流程如图 3.8 所示。

（1）小组分工，明确自己的工作任务。每小组 18～24 人，分 3 个作业组，即钢筋、模板、混凝土作业组，负责不同的施工作业，每小组浇筑 3 个案例，作业组的施工任务要轮换，以达到实训效果。

（2）施工准备，场地平整清理。各小组学习安全规程，领取施工工具，检查机械并试运转。场地杂物、土、泥均应清除干净，地基压实处理，场地平整。

（3）模板的制作，钢筋构件的下料计算、加工。根据案例计算模板的使用量。若用组合钢模板应画出安装草图，用竹胶板需画出加工草图与安装示意图。根据案例完成钢筋下料单，并按下料表进行钢筋构件的制作。

（4）按照施工配合比投料进行混凝土的搅拌和质量控制。用混凝土搅拌机拌制混凝土，应检查混凝土所用原材料的品种、规格、用量、坍落度及和易性，每一个工作班至少两次。混凝土的搅拌时间应随时检查。

（5）模板、钢筋及预埋件的安装：

1）模板施工放样与安装：

a. 模板安装。模板安装前应首先检查面板的平整度，面板不平整、不光滑，达不到

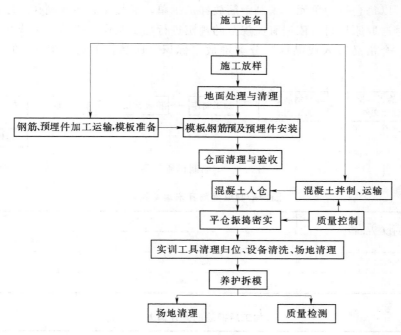

图 3.8 梁、板、柱实训施工工艺流程图

要求的不得使用。模板安装时板面应清理干净，并刷好脱模剂，脱模剂应涂刷均匀，不得漏刷。为防止漏浆、出现挂帘现象，模板安装就位前，在模板底口粘贴双面胶。每一层模板安装时，进行测量放样，校正垂直度、平整度及起层高程，确保印迹线、孔位整齐一致；混凝土浇筑过程中设置木工专人值班，发现问题及时解决。模板安装的允许偏差应遵守 GB 50204—2002 中的有关规定，见表 3.28。

表 3.28　　　　　　　　　　　模板安装的允许偏差　　　　　　　　　　　单位：mm

项次	偏 差 项 目		混凝土结构的部位	
			外露表面	隐蔽内面
1	模板平整度	相邻两板面高差	1	3
		局部不平（用 2m 直尺检查）	3	5
2	结构物边线与设计边线		−5～0	10
3	结构物水平截面内部尺寸		±10	
4	承重模板标高		0～+5	
5	预留孔、洞尺寸及位置		5	

b. 模板加固。钢模一般使用 ϕ48 钢管做模板围图，视仓位高度采用 Φ16、Φ12、Φ10 钢筋拉条，勾头螺栓。

胶合板采用 5cm×10cm 木围图和 ϕ48 钢管围图。

2）钢筋及埋件的安装：

a. 钢筋的加工制作按照流程图 3.9，在钢筋加工场地内完成。加工前，各小组认真阅读施工详图，以每仓位为单元，编制钢筋放样加工单，经复核后转入制作工序；以放样单的规格、型号选取原材料。依据有关规范的规定进行加工制作；成品、半成品经质检员及时检查验收；合格品转入成品区，分类堆放、标识。成品钢筋符合表 3.29、表 3.30 的规定。

图 3.9　钢筋制作流程图

表 3.29　　　　　　　　　　　　　圆钢筋制成箍筋其末端弯钩表

箍筋直径/mm	受力钢筋直径/mm	
	≤25	28～40
5～10	75	90
12	90	105

表 3.30　　　　　　　　　　　　　　加工后钢筋的允许偏差

序号	偏 差 名 称	允许偏差/mm
1	受力钢筋全长净尺寸的偏差	±10
2	箍筋各部分长度的偏差	±5
3	钢筋弯起点位置的偏差	±30
4	钢筋转角的偏差	±3°

b. 钢筋的安装。钢筋运输前，依据放样单逐项清点，确认无误后，以施工仓位安排分批提取，用人工运抵现场，按要求现场安扎。

钢筋焊接和绑扎应符合施工规范的规定，并按照施工图纸的要求执行。绑扎时根据设计图纸，测放出中线、高程等控制点，根据控制点，对照图纸，利用预埋锚筋，布设好钢筋网骨架。钢筋网骨架设置核对无误后，铺设分布钢筋。钢筋采用人工绑扎，绑扎时使用扎丝梅花形间隔扎结，钢筋结构和保护层调整好后垫设预制混凝土块，并用电焊加固骨架确保牢固。

钢筋的安装、绑扎、焊接，除满足设计要求外还应符合表 3.31、表 3.32 中的规定。

（6）仓面清理与验收：

1）钢筋工程的验收。钢筋的验收实行"三检制"，检查后随仓位验收一道报指导教师终验签证。当梁、柱结构较小，应请指导教师先确认钢筋的施工质量合格后，方可转入模板工序。钢筋接头的连接质量的检验，由指导教师现场随机抽取试件，三个同规格的试件为一组，进行强度试验，如有一个试件达不到要求，则双倍数量抽取试件，进行复验。若仍有一个试件不能达到要求，则该批制品即为不合格品。不合格品采取加固处理后，提交二次验收。钢筋的绑扎应有足够的稳定性。在浇筑过程中，安排值班人员盯仓检查，发现

表 3.31 受拉钢筋的最小锚固长度 L_a

项次	钢筋类型		混凝土强度等级				
			C15	C20	C25	C30、C35	≥C40
1		Ⅰ 级钢筋	50d	40d	30d	25d	25d
2	月牙纹	Ⅱ 级钢筋	60d	50d	40d	40d	30d
3		Ⅲ 级钢筋	—	55d	50d	40d	35d
4	冷轧带肋钢筋			50d	40d	35d	30d

注 1. 当月牙纹钢筋直径 d 大于 25mm 时，L_a 按表中数值增加 5d 采用；

2. 构件顶层水平钢筋（其下浇筑的新混凝土厚度大于 1m），其 L_a 宜按表中数值乘以 1.2 采用；

3. 在任何情况下，纵向受拉的Ⅰ、Ⅱ、Ⅲ级钢筋的 L_a 不应小于 250mm 或 20d；纵向受拉的冷轧带肋钢筋的 L_a 不应小于 200mm；

4. 钢筋间距大于 180mm，保护层厚度大于 80mm 时，L_a 可按表中数值乘以 0.8；

5. 表中此项Ⅰ级光面钢筋的 L_a 值不包括端部弯钩长度。

表 3.32 钢筋安装位置的允许偏差 单位：mm

项 目				允许偏差
绑扎箍筋、横向钢筋间距				±20
钢筋弯起点位置				20
绑扎钢筋骨架	长			±10
	宽、高			±5
受力钢筋	间距			±10
	排距			±5
	保护层厚度	基础		±10
		柱、梁		±5
		板、墙		±3
绑扎钢筋网	长、宽			±10
	网眼尺寸			±20
预埋件	中心线位置			5
	水平高差			+3，0

问题及时处理。

2）模板验收。仓位验收前，对模板进行彻底吹扫，模板补充刷油，模板油一律使用色拉油或 45 号轻机油。刷油标准：油沫附着均匀，不得流淌或有污物，并不得污染仓面。模板架设正确，牢固，不走样。

3）仓面验收。仓内施工项目施工完成并自检合格后，小组自检并及时通知指导教师进行检查，只有在指导教师检查认可并在检查记录上签字后，方可进行混凝土浇筑。

（7）混凝土运输。混凝土原材料、配合比、试验成果均在得到指导教师批准、认可后，方可使用。混凝土拌和将按指导教师批准的、由项目一计算的混凝土配料单进行生产。手推车运输混凝土过程中要平稳、不漏浆。

（8）混凝土平仓、振捣。

混凝土平仓方式，将振捣棒插入料堆顶部，缓慢推或拉动振捣棒，逐渐借助振动作用铺平混凝土。平仓不能代替振捣，同时防止骨料离析。

振捣器在仓面按一定的顺序和间距逐点振捣，间距为振捣作用半径的一倍半，并插入下层混凝土面 5cm；每点上振捣时间控制在 15～25s，并以混凝土表面无明显下沉、无气泡冒出、混凝土表面出现一层薄而均匀的水泥浆为准。混凝土振捣要防止漏振及过振，以免产生内部架空及离析。

混凝土浇筑应保持连续，如因故中止且超过允许间歇时间（自出料至覆盖上层混凝土为止），则应按工作缝处理。若能重塑者，仍能继续浇筑混凝土。混凝土能否重塑的现场判别方法为：将振动棒插入混凝土内，振捣 30s，振捣棒周围 10cm 内仍能泛浆且不留孔洞则视为混凝土能够重塑；否则应停止浇筑，按施工冷缝处理。

混凝土下料时，要距离模板、预埋件 1m 以上，且罐（或出料）口方向要背向仓内结构物方向，防止混凝土直接冲击构造物及堵塞管道。

混凝土入仓后要及时平仓振捣，要随浇随平，不得堆积，并配置足够的劳力将堆积的粗骨料均匀散铺至砂浆较多处，但不得用砂浆覆盖，以免造成内部架空。

雨季浇筑时，开仓前要准备充足的防雨设施。在混凝土浇筑过程中，如遇大雨、暴雨，立即暂停浇筑，并及时用防雨布将仓面覆盖。雨后排除仓内积水，处理好雨水冲刷部位，若未超过允许间歇时间或仍能重塑时，仓面铺设砂浆继续浇筑，否则按施工缝面处理。

（9）场地清理，设备、工具清理归位，混凝土养护。混凝土浇筑完成后，要将实训场地清理干净，实训设备清理干净并归位，工具清理并归位，填写实训室实训记录单。混凝土浇筑收仓后，及时对混凝土表面养护，高温和较高温季节表面进行流水养护，低温季节表面洒水养护。永久面用花管洒水养护，养护时间为混凝土的龄期或上一仓混凝土覆盖，不少于 28 天。模板与混凝土表面在模板拆除之前及拆除期间均保持潮湿状态。

（10）拆模：

1）不承重的侧面模板，在混凝土强度达到 2.5MPa 以上并且能保证其表面及棱角不因拆模而损坏时开始拆除。

2）钢筋混凝土结构的承重模板在混凝土达到下列强度后开始拆除，见表 3.33。经计算复核，混凝土结构的实际强度已能承受自重和其他实际荷载时，报指导教师批准后方可提前拆模。

表 3.33　　　　　　　　　　底模拆模标准

结构类型	结构跨度/m	按设计的混凝土强度标准值的百分率计/%
板	≤2	50
	>2, ≤8	75
	>8	100
梁、拱、壳	≤8	75
	>8	100
悬臂构件	≤2	75
	>2	100

3）拆模时使用专门工具并且根据锚固情况分批拆除锚固连接件，以防止大片模板坠落或减少混凝土及模板的损伤。拆下的模板、支架及配件及时清理、维修，并分类堆存及妥善保管。

（11）质量检测。混凝土拆模养护达到 28 天后，用混凝土回弹仪和超声波检测仪对混凝土进行质量检查。

3.2.3.4 质量要求

（1）浇筑地基必须验收合格后，方可进行混凝土浇筑的准备工作。

（2）浇筑混凝土前，应详细检查有关准备工作：地基处理情况，混凝土浇筑的准备工作，模板、钢筋、预埋件及止水设施等是否符合设计要求，并应做好记录。

（3）浇筑混凝土前，必须先铺一层 1～2cm 的水泥砂浆。

（4）不合格的混凝土严禁入仓；已入仓的不合格的混凝土必须清除。

（5）混凝土浇筑期间，如表面泌水较多，应及时研究减少泌水的措施。仓内的泌水必须及时排除。严禁在模板上开孔赶水，带走灰浆。

（6）浇筑混凝土时，合理布置振捣点。每一位置的振捣时间，以混凝土不再显著下沉不出现气泡并开始泛浆时为准。

（7）任务单填写完整、内容准确、书写规范。

（8）各小组自评要有书面材料，小组互评要实事求是。

3.2.3.5 学生实训任务单

学生实训任务单见表 3.34～表 3.38。

表 3.34 　　　　　　　　　　梁、柱、板模板工程安装实训考核表

姓名:		班级:		指导教师:		总成绩:	
相关知识				评分权重10%		成绩:	
竹胶板模板架设的技术要求							
实训知识				评分权重15%		成绩:	
1.根据案例计算模板的工程量							
2.模板架设示意图							
考核验收				评分权重50%		成绩:	
	项　　目	要求及允许偏差	检验方法	验收记录		分值	得分
1	正确选择工具	全部正确	检查			10	
2	按照正确的施工工艺	工序正确	检查			20	
3	模板安装正确	全部正确、符合规范	检查			20	
4	模板间缝隙控制	全部正确	观察、检查			10	
5	模板的接缝不应漏浆	全部正确	观察、检查			10	
6	模板与混凝土的接触面应清理干净并涂刷隔离剂	全部正确	观察、检查			10	
7	模板的拆除	全部正确	观察、检查			20	

续表

实训质量检验记录及原因分析		评分权重10%	成绩：
实训质量检验记录	质量问题分析	防治措施建议	
实训心得		评分权重15%	成绩：

表 3.35　　　　　　　　　**梁、柱、板钢筋安装实训考核表**

姓名：		班级：		指导教师：		总成绩：	
相关知识					评分权重10%	成绩：	
1. 钢筋工的技术要求							
2. 钢筋的加工工艺							
实训知识					评分权重20%	成绩：	
1. 根据案例进行钢筋下料计算							
2. 钢筋配料单编制							
3. 加工产品是否合格							
考核验收					评分权重50%	成绩：	

	项　目	要求及允许偏差	检验方法	验收记录	分值	得分
1	正确选择工具	全部正确	检查		10	
2	按照正确的施工工艺	全部正确	检查		20	
3	钢筋加工方法正确	全部正确	检查		10	
4	钢筋加工技术熟练	全部正确	观察		10	
5	钢筋绑扎的操作方式正确	全部正确	观察、检查		20	
6	操作安全、规范	全部正确	观察		10	
7	钢筋安装正确	全部正确	观察、检查		20	

实训质量检验记录及原因分析		评分权重10%	成绩：
实训质量检验记录	质量问题分析	防治措施建议	
实训心得		评分权重10%	成绩：

表 3.36 混凝土养护情况记录表

单位（子单位）工程名称					养护部位		
混凝土强度等级			抗渗等级		抗折强度/MPa		
水泥品种及等级			外加剂名称		掺合料名称		
混凝土浇筑开始时间	年 月 日时 分		混凝土浇筑完毕时间	年 月 日时 分	第一次养护时间	年 月 日时 分	
养护方式	自然	加热	养护天数		第一次荷载时间	年 月 日时 分	

<table>
<tr><td colspan="6" align="center">日 常 养 护 记 录</td></tr>
<tr><td>工作日</td><td>日期</td><td>日平均气温</td><td>养护方法</td><td>养护人签名</td><td>见证人签名</td></tr>
<tr><td>1</td><td></td><td></td><td></td><td></td><td></td></tr>
<tr><td>2</td><td></td><td></td><td></td><td></td><td></td></tr>
<tr><td>3</td><td></td><td></td><td></td><td></td><td></td></tr>
<tr><td>4</td><td></td><td></td><td></td><td></td><td></td></tr>
<tr><td>5</td><td></td><td></td><td></td><td></td><td></td></tr>
<tr><td>6</td><td></td><td></td><td></td><td></td><td></td></tr>
<tr><td>7</td><td></td><td></td><td></td><td></td><td></td></tr>
<tr><td>8</td><td></td><td></td><td></td><td></td><td></td></tr>
<tr><td>9</td><td></td><td></td><td></td><td></td><td></td></tr>
<tr><td>10</td><td></td><td></td><td></td><td></td><td></td></tr>
<tr><td>11</td><td></td><td></td><td></td><td></td><td></td></tr>
<tr><td>12</td><td></td><td></td><td></td><td></td><td></td></tr>
<tr><td>13</td><td></td><td></td><td></td><td></td><td></td></tr>
<tr><td rowspan="2">混凝土养护情况检查结论</td><td colspan="5"></td></tr>
<tr><td colspan="2">（学生）养护人：</td><td colspan="3">（指导教师）见证人：

年 月 日</td></tr>
</table>

表 3.37　　　　　　　　　　　　　　**混凝土养护测温记录**

工程名称														
部　　位				养护方法						测温方式				
测温时间			大气温度/℃	各测孔温度/℃							平均温度/℃		间隔时间/h	
月	日	时												
指导教师				专业质检员（学生）						记录人（学生）				

注　附测温孔布置图及测温孔剖面图。

表 3.38   **梁、板、柱浇筑实训综合考核表**

姓名：		班级：		指导教师：		总成绩：	
相关知识				评分权重5%		成绩：	
1. 混凝土板、梁、柱的浇筑方法与技术要求							
2. 混凝土板、梁、柱浇筑质量的检测							
实训知识				评分权重10%		成绩：	
1. 混凝土施工配合比							
2. 案例中混凝土底板、梁、柱的浇筑准备工作有哪些？							
3. 画出实训浇筑的混凝土板、梁、柱的立体图							
考核验收				评分权重70%		成绩：	

	项　　目	要求及允许偏差（mm）	检验方法	验收记录	分值	得分
1	正确选择实训设备和仪器	全部正确	检查		5	
2	混凝土配料	称量精确（水泥、水，±0.3%；骨料，±0.5%）	检查		5	
3	混凝土拌制	按照石子、水泥、砂子、水一次加料，拌和3遍	观察、检查		5	
4	混凝土拌和物和易性检验（坍落度试验）	除了坍落度外，还需要目测：棍度、黏聚性、含砂情况、析水情况	观察、检查		5	
5	混凝土入仓浇筑	方法正确	观察、检查		5	
6	混凝土振捣	振捣器使用正确，并符合安全规程	观察、检查		5	
7	混凝土抹面	抹面规范，表面平整	观察、检查		5	
8	选择养护方法	正确	检查		5	
9	钢筋工程	任务单（表3.35）填写完整，内容准确	检查		25	
10	模板工程	任务单（表3.34）填写完整，内容准确	检查		25	
11	填写养护记录表	任务单（表3.36）填写完整，内容准确	检查		3	
12	填写养护测温记录表	任务单（表3.37）填写完整，内容准确	检查		2	
13	混凝土抗压强度试验	试验方法正确，记录计算准确	观察、检查		3	
14	测量现场骨料含水率	检测方法得当，结果准确	观察、检查		2	

实训质量检验记录及原因分析		评分权重 5%	成绩:
实训质量检验记录	质量问题分析	防治措施建议	
实训心得		评分权重 10%	成绩:

3.2.4   项目四: 大体积水工混凝土浇筑

3.2.4.1   教师教学指导参考 (教学进程表)

教学进程见表 3.39。

表 3.39   大体积水工混凝土浇筑教学进程表

<table>
<tr><td>学习任务</td><td colspan="6">大体积水工混凝土浇筑实训</td></tr>
<tr><td colspan="2" style="text-align:center">教学时间/学时</td><td colspan="2" style="text-align:center">8</td><td>适用年级</td><td colspan="2">综合实训</td></tr>
<tr><td rowspan="3">教学目标</td><td>知识目标</td><td colspan="5">掌握大体积水工混凝土的浇筑方法及其质量检查方法。</td></tr>
<tr><td>技能目标</td><td colspan="5">1. 根据设计图纸 (学校实训室提供),完成大体积水工混凝土的浇筑;
2. 完成大体积水工混凝土浇筑的质量检查</td></tr>
<tr><td>情感目标</td><td colspan="5">具有安全、文明施工及劳动保护意识。</td></tr>
<tr><td colspan="7" style="text-align:center">教学过程设计</td></tr>
<tr><td>时间</td><td>教学流程</td><td>教学法视角</td><td>教学活动</td><td>教学方法</td><td>媒介</td><td>重点</td></tr>
<tr><td>20min</td><td>安全、防护教育</td><td>引起学生的重视</td><td>师生互动、检查</td><td>讲解</td><td>图片</td><td>使用设施安全性</td></tr>
<tr><td>25min</td><td>课程导入</td><td>激发学生的学习趣</td><td>布置任务、下发任务单、提出问题</td><td>项目教学引导</td><td>图片、工具、材料</td><td>分组应合理、任务恰当、问题难易适当</td></tr>
<tr><td>20min</td><td>学生自主学习</td><td>学生主动积极参与讨论及团队合作精神培养</td><td>根据提出的任务单及问题进行讨论、确定方案</td><td>项目教学、小组讨论</td><td>教材、材料</td><td>理论知识准备</td></tr>
<tr><td>25min</td><td>演示</td><td>教师提问、学生回答</td><td>工具、设备的使用,规范的应用</td><td>课堂对话</td><td>设备、工具施工规范</td><td>注重引导学生,激发学生的积极性</td></tr>
</table>

时间	教学流程	教学法视角	教学活动	教学方法	媒介	重点
45min	模仿（教师指导）	组织项目实施、加强学生动手能力	学生在实训基地完成大体积混凝土的浇筑	小组合作	设备、工具施工规范	注意规范的使用
180min	自己做	加强学生动手能力	学生分组完成任务	小组合作	设备、工具施工规范	注意规范的使用、设备的正确操作
20min	学生自评	自我意识的觉醒，有自己的见解，培养沟通、交流能力	检查操作过程、数据书写及规范应用的正确性	小组合作	施工规范学生工作记录	学生检查的流程及态度
25min	学生汇报、教师评价、总结	学生汇报总结性报告，教师给予肯定或指正	每组代表展示实操成果并小结、教师点评与总结	项目教学、学生汇报、小组合作	投影、白板	注意对学生的表扬与鼓励

3.2.4.2 实训准备

1. 知识准备

（1）大体积混凝土的浇筑方法。大体积混凝土的浇筑分全面分层、分段分层、斜面分层等三种方法。

1）全面分层。浇筑混凝土时从短边开始，沿长边方向进行浇筑，要求在逐层浇筑过程中，第二层混凝土要在第一层混凝土初凝前浇筑完毕。

2）分段分层。分段分层方案适用于结构厚度不大而面积或长度较大的情况。

3）斜面分层。混凝土振捣工作从浇筑层下端开始逐渐上移。斜面的角度一般取小于或等于45°（视混凝土的坍落度而定），每层厚度按垂直于斜面的距离计算，不大于振捣棒的有效振捣深度，一般取500mm左右。斜面分层方案多用于长度较大的结构。

（2）大体积混凝土浇筑与振捣的一般要求：

1）混凝土自料口下落的自由倾落高度不得超过2m，如超过2m时必须采取措施。

2）浇筑混凝土时应分段分层连续进行，每层浇筑高度应根据结构特点、钢筋疏密程度决定，一般分层高度为振捣器作用部分长度的1.25倍，最大不超过50cm。

3）使用插入式振捣器应做到"快插慢拔"，在振捣过程中宜让振捣棒上下略微抽动，使上下振动均匀，插点要均匀排列，逐点移动，顺序进行，不得遗漏，做到均匀振实。移动间距不大于振捣棒作用半径的1.5倍（一般为30～40cm），每点振捣时间以20～30s为准，以混凝土表面不再明显下沉、不再有气泡冒出、表面泛出灰浆为准。对于分层部位，振捣棒应插入下层5cm左右以消除上下层混凝土之间的缝隙。振捣棒不得漏振，振捣时不得用振捣棒赶浆，不得振动钢筋。

4）浇筑混凝土应连续进行。如必须间歇，其间歇时间应尽量缩短，并应在前层混凝土初凝之前，将次层混凝土浇筑完毕。

5）浇筑混凝土时应经常观察模板、钢筋、预留孔洞、预埋件和插筋等有无移动、变形或堵塞情况，发现问题应立即停止浇筑，并应在已浇筑的混凝土凝结前修正完好。

（3）混凝土的抹面。浇筑完成设计标高后的混凝土，应由专门的抹面人员收面找平。用2m刮杠找平，并用木抹子收平混凝土面。

（4）大体积混凝土的养护及测温。大体积混凝土养护在混凝土浇筑中起着重要的作用。在混凝土浇筑后及时用混凝土塑料薄膜覆盖，大体积混凝土宜采用自然养护，但应根据气候条件采取温度控制措施，对混凝土内外进行测温，使混凝土浇筑后内外温差不大于 25℃。

1）混凝土测温：

a. 测孔布置。测温采用电子测温仪，温度感应探头，先预埋钢筋（φ20，长 0.6m），钢筋下端用镀锌铁皮焊死，预埋入混凝土内，钢筋上端高出混凝土面 50mm，再沿钢筋设上中下三个测温探头，分别标识为该测点混凝土上中下三个不同深度的温度，如图 3.10 所示。

b. 测温方法。将温度计伸入管内中下部位置，3min 后迅速提出温度计读取温度读数，并按测温孔平面布置图的编号依次测量并记录数据。

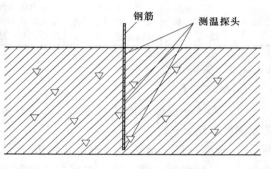

图 3.10　测温孔剖面布置图

c. 凝土初凝后，开始测温，第 1～7 天每 4h 测温一次，第 7～14 天每 8h 测温一次。值班人员分三班测温，对每一孔进行编号，做好测温记录，根据测温结果绘制温差变化曲线，混凝土内温度连续 24h 呈下降趋势且平稳时，可停止测温。

2）大体积混凝土养护注意事项：

a. 混凝土应连续养护，养护期内始终使混凝土表面保持湿润。

b. 混凝土养护时间不宜少于 28 天，有特殊要求的部位宜适当延长养护时间。

c. 混凝土养护应有专人负责，并应作好养护记录。

d. 混凝土的养护用水应与拌制用水相同。

（注：当日平均气温低于 5℃时，不得浇水；当采用其他品种水泥时，混凝土的养护应根据所采用水泥的技术性能确定。）

e. 养护人员高空作业要系安全带，穿防滑鞋。

f. 养护用的支架要有足够的强度和刚度、篷帐搭设要规范合理。

2. 实训案例

某重力坝剖面图如图 3.11 所示，对学生进行大体积混凝土实训时，按重力坝施工分缝分块原则，取内部 C15 三级常态混凝土浇筑进行，根据实训室条件，建议浇筑块长、宽、高分别为 1m、0.6m、0.8m，混凝土施工配合比为水∶水泥∶砂子∶石子＝1∶0.45∶1.55∶3.75。

3. 工具设备准备

施工机具：混凝土拌和机、磅秤、坍落度筒、手推车、插入式振捣器、砂浆称量器等。

辅助机具：1m 刮杠、木抹子、尺子、灰桶、线绳、铁锹、铁耙、棒式温度计或酒精温度计等。

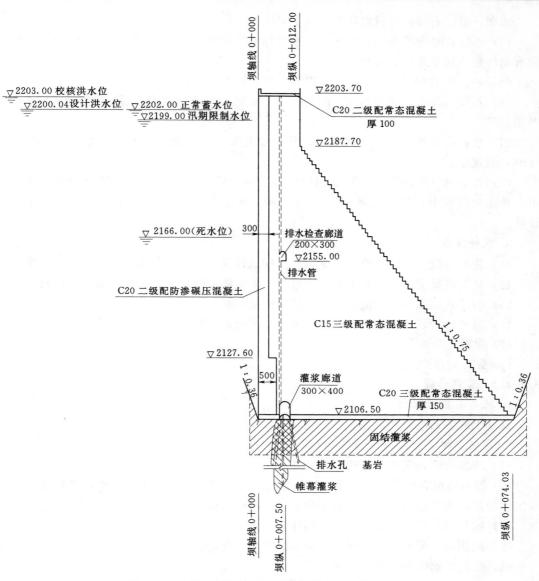

图 3.11 实训案例施工图（单位：高程 m，其他 cm）

4. 材料准备

实训每一小组（每一实训工位）需用材料见表 3.40。

表 3.40　　　　　每实训小组需用材料一览表

材料名称	规格	数量	备注
砂	中砂	400kg	
碎石	5～40mm	750kg	
水泥	32.5MPa	150kg	
水	自来水	100kg	

水泥、砂、石等各种材料应符合以下要求：

（1）水泥：水泥的品种、标号、厂别及牌号应符合混凝土配合比通知单的要求。水泥应有出厂合格证及进场试验报告。

（2）砂：砂的粒径及产地应符合混凝土配合比通知单的要求。

（3）石子（碎石或卵石）：石子的粒径、级配及产地应符合混凝土配合比通知单的要求。

（4）水：宜采用饮用水。其他水，其水质必须符合《混凝土用水标准》（JGJ 63—2006）的规定。

（5）外加剂：所用混凝土外加剂的品种、生产厂家及牌号应符合配合比通知单的要求，外加剂应有出厂质量证明书及使用说明。国家规定要求认证的产品，还应有准用证件。

5. 现场准备

（1）浇筑混凝土层段的模板、钢筋、预埋铁件及管线等全部安装完毕并验收合格。

（2）浇筑混凝土用架子及走道已支搭完毕，运输道路及车辆准备完成，经检查合格。

（3）与浇筑面积匹配的混凝土工及振捣棒数量。

（4）电子计量器经检查衡量准确、灵活，振捣器（棒）经检验试运转正常。

（5）混凝土浇筑令已签发。

（6）做好防雨措施。

3.2.4.3　实训步骤

1. 施工工艺流程

混凝土施工艺流程如图 3.12 所示。

2. 实训步骤

（1）小组分工，明确自己的工作任务。

（2）投料前配合比的调整。根据试验室已下达的混凝土配合比通知单，将其转换为每盘实际使用的施工配合比，并公布于搅拌配料地点的标牌上。

（3）模板的制作，钢筋构件的下料计算、加工。

（4）按照施工配合比投料进行混凝土的搅拌，并进行质量控制。

（5）模板、钢筋及埋件的安装。

（6）仓面清理与验收。包括：①钢筋工程的验收；②模板验收；③仓面验收。

（7）混凝土运输。

（8）混凝土平仓、振捣。

（9）场地清理，设备、工具清理归位，养护。

（10）拆模。

（11）质量检测。

3.2.4.4　质量要求

1. 一般要求

大体积混凝土施工遇炎热、冬期、大风或者雨雪天气等特殊气候条件下时，必须采用有效的技术措施，保证混凝土浇筑和养护质量，并应符合下列规定：

（1）在炎热季节浇筑大体积混凝土时，宜将混凝土原材料进行遮盖，避免日光曝晒，并用冷却水搅拌混凝土，或采用冷却骨料、搅拌时加冰屑等方法降低入仓温度，必要时也可采取在混凝土内埋设冷却管通水冷却。混凝土浇筑后应及时保湿保温养护，避免模板和混凝土受阳光直射。条件许可时应避开高温时段浇筑混凝土。

（2）冬期浇筑混凝土，宜采用热水拌和、加热骨料等措施提高混凝土原材料温度，混凝土入模温度不宜低于5℃。混凝土浇筑后应及时进行保温保湿养护。

（3）大风天气浇筑混凝土，在作业面应采取挡风措施，降低混凝土表面风速，并增加混凝土表面的抹压次数，及时覆盖塑料薄膜和保温材料，保持混凝土表面湿润，防止风干。

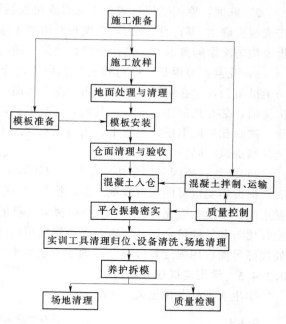

图 3.12 施工工艺流程

（4）不宜露天浇筑混凝土，当需施工时，应采取有效措施，确保混凝土质量。浇筑过程中突遇大雨或大雪天气时，应及时在结构合理部位留置施工缝，尽快中止混凝土浇筑；对已浇筑还未硬化的混凝土立即进行覆盖，严禁雨水直接冲刷新浇筑的混凝土。

（5）混凝土强度达到 $1.2N/mm^2$ 前，不得在其上踩踏或安装模板及支架。

（6）混凝土表面不得上人过早，不能集中堆放物件。

2. 混凝土浇筑中的常见问题及防治措施

（1）常见问题有：①配合比计量不准，砂石级配不好；②搅拌不匀；③模板漏浆；④振捣不够或漏振；⑤一次浇捣混土太厚，分层不清，混凝土交接不清，振捣质量无法掌握；⑥自由倾落高度超过规定，混凝土离析、石子赶堆；⑦振捣器损坏，或临时断电造成漏振；⑧振捣时间不充分，气泡未排除。

（2）防治措施为：①严格控制配合比，严格计量，经常检查；②混凝土搅拌要充分、均匀；③下料高度超过2m要用串筒或溜槽；④分层下料、分层捣固、防止漏振；⑤堵严模板缝隙，浇筑中随时检查纠正漏浆情况。

（3）混凝土常见缺陷及处理措施：

1）蜂窝：原因是混凝土一次下料过厚，振捣不实或漏振；模板有缝隙水泥浆流失；钢筋较密而混凝土坍落度过小或石子过大；基础、柱、墙根部下层台阶浇筑后未停歇就继续浇筑上层混凝土，以致上层混凝土根部砂浆从下部涌出而造成。处理措施为：①对小蜂窝，洗刷干净后1∶2水泥砂浆抹平压实；②较大蜂窝，凿去薄弱松散颗粒，洗净后支模，用强度等级高一级的细石混凝土仔细填塞捣实；③较深蜂窝可在其内部埋压浆管和排气管，表面抹砂浆或浇筑混凝土封闭后进行水泥压浆处理。

111

2）麻面：原因是模板表面不光滑或模板湿润不够，构件表面混凝土易黏附在模板上造成脱皮麻面。防治措施为：①模板要清理干净，浇筑混凝土前木模板要充分湿润，钢模板要均匀涂刷隔离剂；②堵严板缝，浇筑中随时处理好漏浆；③振捣应充分密实。

3）孔洞：原因是在钢筋较密的部位混凝土被卡，未经振捣就继续浇筑上层混凝土。防治措施为：①在钢筋密集处采用强度等级高一级的细石混凝土，认真分层捣固或配以人工插捣；②有预留孔洞处应从其两侧同时下料，认真振捣；③及时清除落入混凝土中的杂物，凿除孔洞周围松散混凝土，用高压水冲洗干净，立模后用强度等级高一级的细石混凝土仔细浇筑捣固。

4）露筋：原因是钢筋垫块位移，间距过大、漏放，钢筋紧贴模板造成露筋或梁、板底部振捣不实也可能出现露筋。防治措施为：①浇筑混凝土前应检查钢筋及保护层垫块位置正确，木模板应充分湿润；②钢筋密集时粗集料应选用适当粒径的石子；③保证混凝土配合比与和易性符合设计要求，表面露筋可洗净后在表面抹 1∶2 水泥砂浆，露筋较深应处理好界面后用强度等级高一级的细石混凝土填塞压实。

3.2.4.5　学生实训任务单

学生实训任务单见表 3.41～表 3.44。

表 3.41　　　　　　　　　　　　**混凝土浇筑申请表**

混凝土浇筑申请表			
工程名称		编号	
致：＿＿＿＿＿＿＿＿＿＿＿＿＿＿＿＿＿＿＿＿＿＿＿＿（学校实训室）： 　　下列工程（部位）的模板、钢筋工程等已施工完毕，经自检符合施工技术规范和设计要求，报请验证，并准予浇筑混凝土。 　　附件：1.□ 预拌混凝土质量证明书 　　　　　2.□ 自拌混凝土的配合比通知单 　　　　　3.□ 钢筋、水泥、砂石等材料的报审表 　　实训班级（组）：　　　　　实训指导教师（签字）：　　　　　日期：			
工程部位名称	混凝土强度等级	备　　注	
开始浇筑时间：＿＿＿＿年＿＿月＿＿日＿＿时 　　　　　预计结束时间：＿＿＿＿年＿＿月＿＿日＿＿时			
学校实训室审核意见： 实训室主任（签字）：　　　　　　　　　　　　　　　　　　　　日期：			

注　本表由实训小组填写，一式两份，送指导教师审核后指导教师、实训小组各一份。

表 3.42   混 凝 土 浇 筑 令

混凝土浇筑令							
工程名称					实训班级（组）		
浇筑部位					混凝土强度		
浇筑时间		年 月 日至 年 月 日			浇筑量		
以下内容是否通过验收（通过的项目请填验收人姓名）							
1	钢筋		4	测量		7	空调通风
2	模板		5	给排水		8	弱电
3	材料		6	强电		9	其他
以下材料进场的数量、质量能否满足本次浇捣要求							
1	砂				4	掺合料1	
2	石子				5	外加剂1	
3	水泥				6	外加剂2	

材料用量指标							
	水泥	石子	砂	水	掺合料1	外加剂1	外加剂2
实验用量/(kg/ m³)							
实验室配比							
现场配比							
每盘用量/(kg/ m³)							
水灰比							

指导教师审批意见：

学校实训室主任（签字）：

                                            年 月 日

实训要求：①浇捣前模板清理干净，浇水湿润；②严格控制水灰比，按要求配料，振捣密实。

注 本表一式三份，实训小组、指导教师、学校实训室各一份。

表 3.43   混凝土浇筑（现场拌制）记录表

混凝土浇筑（现场拌制）记录表						
实训班组				编号		
工程名称				浇筑部位		
浇筑日期			天气情况		室外温度	
混凝土设计强度			钢筋模板验收负责人			
自拌	配比通知单号					
	混凝土配合比	材料名称	规格及产地	每立方米用量	材料含水量	每盘用量
		水泥				
		砂子				
		石子				
		水				
		外加剂				

续表

实测坍落度		出盘温度		入模温度	
混凝土完成数量			完成时间		
试件留置	取样时间				
	试块编号				
混凝土浇筑中出现的问题及处理情况					
实训小组负责人		填表人		指导教师（签字）	

注　本记录每浇筑一次混凝土，记录一张。

表 3.44　　　　　　　　**大体积混凝土实训综合考核表**

姓名：		班级：		指导教师：			总成绩：	
相关知识				评分权重10%		成绩：		
1. 什么叫混凝土配合比、施工配合比？								
2. 举例说明水利工程中的大体积混凝土结构								
3. 常用混凝土搅拌机的种类有哪些？								
4. 混凝土常见的运输机械有哪些？								
实践知识				评分权重10%		成绩：		
1. 混凝土浇筑前的准备工作主要包括哪些？								
2. 搅拌混凝土时，对投料顺序和搅拌时间有何规定？								
3. 混凝土振捣器操作要点								
4. 大体积混凝土养护要求								
考核验收				评分权重60%		成绩		
	项　目	要求及允许偏差	检验方法	验收记录		分值		得分
1	正确设计混凝土配合比	全部正确	检查			10		
2	插入式振捣器的操作要点	全部正确	询问、检查			30		
3	混凝土搅拌机的操作规程	全部正确	询问、检查			30		
4	一般混凝土的缺陷修整	正确处理	询问、检查			10		
实训质量检验记录及原因分析				评分权重10%		成绩		
实训质量检验记录		质量问题分析		防治措施建议				
实训心得				评分权重10%		成绩：		

单元 4　砌筑工及现场管理实训

4.1　概　　述

本单元的主要任务是面向工业与民用建筑专业、建筑施工专业学生普及建筑工程砌筑知识及动手操作技能，传播和弘扬建筑工程文化，激发学生的专业兴趣，提高学生对建筑的理解和鉴赏力，了解行业概况，学习建筑职工职业道德，促进职业意识形成，为学生日后择业提供可以借鉴和参照的新思想和新观念。通过任务驱动项目教学，使学生了解砌筑工相关安全知识和职业道德，认识砌筑工基本知识（建筑识图、建筑构造、砌体结构与力学、常用砌筑工具和设备等），掌握砖墙砌筑、砖基础砌筑、砌块墙砌筑、砌筑工程的季节性施工等的原理和方法；达到初级工的要求。

4.1.1　实训目标

（1）熟悉建筑物基本性能，能识别建筑相关施工图等图纸内容。

（2）熟悉砌筑材料及常用机具的使用方法。

（3）熟悉材料知识，了解砌体结构抗震知识、建筑力学知识、砖石结构知识和砌筑工种的季节施工知识等。

（4）掌握砌体工程所用各类砌块砌筑施工的工艺工法。

（5）掌握有关砌体工程施工质量验收规范和质量评定标准的内容以及常用的检测方法。

（6）掌握砌筑工种的有关安全技术操作要求等。

（7）培养良好的人际交往、团队合作能力和服务意识。

（8）具有良好的职业道德和严谨的科学态度。

4.1.2　实训重点

（1）砌筑施工的灰浆种类及各自的特点。

（2）砌块种类及其施工注意事项。

（3）砌体工程中砌块的组砌形式。

（4）各类砌体砌块施工应该注意的基本问题。

4.1.3　教学建议

（1）建议使用湿拌细粉砂代替灰浆施工，这样可以减少材料浪费，增加砌块重复使用次数，解决材料及场地等问题。

（2）建议水利类学生用湿拌细粉砂砌筑片石实训，学生可以砌筑渡槽出、入水口的扭面。

（3）建议施工实训的课程里面加入测量放样的环节。

（4）建议实训环节尝试让学生扮演施工、监理、质检等各方人员，增加学生对角色的认知。

（5）建议学生实训环节组织召开工地会议，锻炼学生解决实际问题的能力。

4.1.4 实训条件及注意事项

1. 实训场地

砌筑工实训按一次一个班实训，4～5 人一组，一个班分 10 组，场地面积应不少于 200m²。

2. 实训工具

常用砌筑工具见图 4.1。

（1）手工工具：

1）大铲（桃形，用于铲灰、铺灰、刮灰）。

2）瓦刀（用于涂抹、摊铺砂浆、打砖、往砖面上刮灰及铺灰、校准砖块位置）。

3）摊灰尺（用于摊铺灰浆）。

（2）备料工具：

1）砖夹子（用于装卸转移砖块）。

2）筛子（立筛主要用于筛砂）。

3）铁锹（有尖头和平头之分）。

4）工具小车（用来装土、转移砂及砂浆等其他散装材料）。

5）砖笼（用于塔式起重机垂直吊运砖）。

6）料斗（用于塔式起重机调运砂浆）。

7）灰槽（用于瓦工存放砂浆用）。

8）橡胶水管、水桶、钢丝刷等。

（3）勾缝工具：

1）镏子（又称勾缝刀，主要用于勾缝）。

2）托灰板（用于承托砂浆）。

3）抿子（主要用于石墙、暗缝、勾缝）。

（4）检测工具：

1）钢卷尺（主要用来量测轴线尺寸、位置、墙长、墙厚等，还有门窗洞口尺寸、留洞位置尺寸等）。

2）塞尺（与拖线板配合使用，用来测量墙柱垂直、平整度偏差）。

3）百格网（用于检查砌体水平缝砂浆饱满度）。

4）方尺（有阴角、阳角两种，分别用于检查砌体转角的方正程度）。

5）龙门板（用于房屋放线后砌筑时，定轴线、中心线标准）。

6）线锤（用于检查砖柱、垛、门窗洞口的面或角是否垂直）。

7）拖线板、靠尺板（与线锤配合，用以检查墙面垂直及平整度）。

8）皮数杆（用于控制砌筑层数、门窗洞口及梁板位置的辅助工具）。

9）线、挂线（用于控制砖层平直与墙厚，是砌砖的依据）。

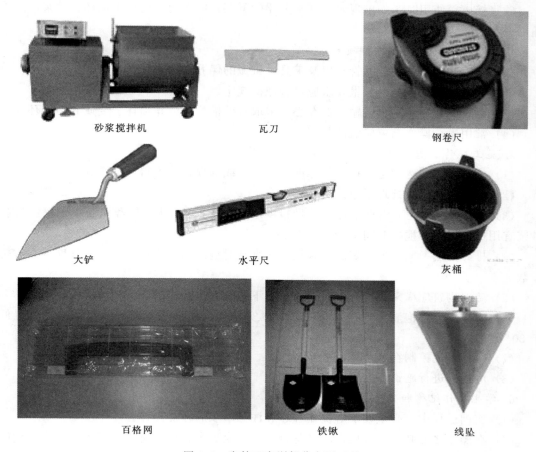

图 4.1　砌筑工实训部分主要工具

（5）机具设备：

1）砂浆搅拌机（用于砌体砌筑前砂浆的搅拌）。

2）垂直运输机设备（井架、龙门架、塔吊、卷扬机等）。

3）脚手架（砌筑辅助工具，主要是钢管脚手架，外径 48～51mm、壁厚 3～3.5mm，连接件采用铸铁扣件）。

3．实训材料准备

（1）砌体材料：

1）砖（黏土砖、蒸压灰砂砖、烧结多孔砖、烧结空心砖、粉煤灰砖）。

2）小型砌块（用于建筑的非承重部位，体积较大，密度较轻；主要有混凝土小型空心砌块砌体、加气混凝土小砌块砌体、粉煤灰砌块砌体）。

（2）灰浆材料。砂浆（胶结料、细骨料、掺合料、水混合，经搅拌而成，在建筑工程中起黏结、衬垫及传递应力的作用）。

（3）掺合料。掺合料是指为了改善砂浆的和易性而加入砂浆的无机材料，如石灰膏、电石膏、粉煤灰、黏土膏等。

砂浆拌成后使用时，如出现泌水（水上浮砂下沉）应在使用前再次搅拌。砂浆应随拌随用。

4．工具和材料使用注意事项

（1）施工中应加强材料的管理以及工具、机械的保养和维修。

（2）砂子、砖等原材料质量要求应符合规范规定。

（3）建筑材料的使用、运输、储存必须采取有效措施，防止损坏、变质和污染环境。

（4）常用工具操作结束应清洗收好。

5．施工操作注意事项

（1）施工时应注意对定位标高的标准杆、尺、线的保护，不得触动、移位。

（2）基层应按要求处理干净。

（3）砂浆配合比应采用重量比，计量精度水泥为±2％，砂、灰膏控制在±5％以内。砂浆宜用机械搅拌，搅拌时间不少于 1.5min。

（4）排砖摆底一般根据弹好的位置线，认真核对洞间墙、垛尺寸，使其长度符合排砖模数。

（5）砖墙砌筑应横平竖直、砂浆饱满、上下错缝、内外搭砌、接槎牢固。

（6）水平灰缝不饱满易使砖块折断，所以实心砖砌体水平灰缝的砂浆饱满度不得低于80％。

（7）灰缝厚度控制在 8～12mm。

（8）应连续进行施工，尽快完成。

6．学生操作纪律和安全注意事项

（1）实训过程中，必须在了解操作程序和注意事项后才能操作。

（2）在操作之前必须检查操作环境是否符合安全要求，机具是否完好牢固，安全设施和防护用品是否齐全。

（3）在操作过程中，应戴手套、安全帽、身着工作服进行工作。

（4）砍砖时应面向内打，防止碎砖进出伤人。

（5）不准站在墙顶上画线、刮缝和清扫墙面或检查大角垂直等工作。实训现场严禁大声喧哗，嬉戏打闹。

（6）一个项目结束，经评定合格，方可进行下一个项目。

（7）全部项目操作结束，经综合评定打分后，方可拆除，并将现场清理干净。

4.1.5　实训安排

实训项目时间安排：熟悉实训项目书、考核标准、内容→实训前教育、动员、分组→现场设备、工具、材料检查→人员着工作服、戴安全帽等进入实训场→项目工艺操作→现场清扫、整理→实训总结、反省，写实训报告→考核、竞赛→成绩汇总→消耗材料汇总。

（1）班级分组，每组 4 人。

（2）学生进入实训工场，先在实训工场整理队伍，按小组站好，小组长领安全帽、手套，并发放给各位同学。

（3）同学们戴好安全帽，听实训指导教师讲解砌筑实训过程安排和安全注意事项。

（4）各小组同学进行砌筑材料量的计算，并将材料堆放到相应工位。

（5）每小组各派一位同学参与砌筑砂浆的拌制，砂浆配比为黏土：石灰：砂＝1：1：2.5，加水适量。

（6）小组将分到的操作区域清扫、整理。

（7）先由实训指导教师进行砌筑操作示范，再由同学们进行操作。

（8）每半天为一个实训分项，半天结束，由实训指导教师和同学们进行成果评定，得出一个评定分值。

（9）全部实训分项操作结束，实训指导老师进行点评、成绩评定。

（10）学生将砌筑项目全部拆除，砖、砂浆、砂归类堆放，砖表面清理干净，清理废料、清扫操作现场。

4.2 实 训 项 目

4.2.1 项目一：实心砖墙体砌块组砌形式

4.2.1.1 教师教学指导参考（教学进程表）

教学进程见表4.1。

表4.1　　　　　　　　　　　实心砖墙体砌块组砌形式教学进程表

学习任务		实心砖墙体砌块组砌形式		
教学时间/学时		4	适用年级	综合实训
教学目标	知识目标	让学生通过学习砌块组砌形式，达到理论联系实际，相互促进提高的目的		
	技能目标	能计算材料及工具的用量，编制材料需用量计划，正确进行砌体材料、机械、工具及场地的准备工作；掌握四种砌体组砌形式；了解砌筑工程施工的质量要求、质量通病，能分析其原因并提出相应的防治措施和解决办法		
	情感目标	培养团队合作精神，养成严谨的工作作风；做到安全施工、文明施工		

4.2.1.2 实训准备

1. 知识准备

（1）常用砌筑材料：

1）普通烧结砖：

a. 材料：砖墙砌体砌筑一般采用普通黏土砖。

b. 外形：长方体，长度240mm，宽度115mm，厚度53mm；记作240mm×115mm×53mm。

c. 强度：MU10、MU15、MU20、MU25、MU30共5级，单位为MPa（N/mm²）。

d. 等级：优等品、一等品、合格品（根据外观、尺寸、强度、耐久性等分）。

e. 用途：清水墙外面不用装饰，要求砖边角整齐色泽均匀，用优等品砖；混水墙外面抹灰，用一等品、合格品砖。

f. 检查：品种、强度、外观、几何尺寸，出厂合格证书检查和性能检测报告，进场

119

后应进行复验。

g. 施工：使用前 1～2 天浇水润湿，以浸水深度 10～15mm 为宜。

2）砌块：

a. 原料：以混凝土或工业废料作原料制成实心或空心的块材。

b. 特点：自重轻，施工速度快、效率高、方法简单。

c. 分类：①按形状分为实心、空心砌块；②按制作原料分为粉煤灰、加气混凝土、混凝土等数种；③按规格分为小型（高 115～380mm）、中型（高 380～980mm）、大型（高不小于 980mm）。

d. 要求：长度应满足建筑模数的要求，力求型号少，厚度及空心率应根据结构的承载力、稳定性、构造与热工要求决定。

3）砌筑砂浆

a. 组成：由胶结材料（石灰、水泥等）、细骨料（砂）及水组成的混合物。

b. 分类。①石灰砂浆：石灰 ＋ 砂 ＋ 水，砌筑干燥环境中以及强度要求不高的砌体；②水泥砂浆（水泥强度等级 32.5 以下，密度大于 200kg/m³）：水泥＋砂＋水，潮湿环境和强度要求较高的砌体；③混合砂浆（水泥强度等级 42.5 以下，密度 300～350kg/m³）：水泥＋石灰＋砂＋水，地面以上强度要求较高的砌体。④其他砂浆：如防水砂浆、嵌缝砂浆等。

c. 要求：

（a）使用时砂浆 必须满足设计要求的种类和强度等级，同时还须满足流动性和保水性的要求。

（b）水泥进场使用前，应分批对其强度、安定性进行复验。

（c）砌筑砂浆用砂宜用中砂，含泥量应满足：对水泥砂浆和强度等级不小于 M5 的水泥混合砂浆，不应超过 5％；对强度等级小于 M5 的水泥混合砂浆，不应超过 10％；

（d）配制水泥石灰砂浆时，不得采用脱水硬化的石灰膏（已经碳化、硬化、无黏聚性）。

（e）拌制砂浆用水，水质应符合国家现行标准规定。

（f）砌筑砂浆应通过试配确定配合比。

（g）砌筑砂浆应采用机械搅拌，自投料完算起，搅拌时间应符合：水泥砂浆和水泥混合砂浆不得少于 2min；水泥粉煤灰砂浆和掺用外加剂的砂浆不得少于 3min；掺用有机塑化剂的砂浆，应为 3～5min。

（h）砂浆应随拌随用，水泥砂浆和水泥混合砂浆应分别在 3h 和 4h 内使用完毕；当施工期间最高气温超过 30℃时，应分别在拌成后 2h 和 3h 内使用完毕。

（2）砖砌体的组砌形式：

1）组砖要求：①上下错缝，内外搭接，以保证砌体的整体性（砌体最薄弱的部位是灰缝处）②有规律，少砍砖，以提高砌筑效率，节约材料。

2）组砖厚度。砖墙厚度有半砖墙（120）、一砖墙（240）、一砖半墙（370）、两砖（490）等。

3）组砌形式。砖墙组砌形式有一顺一丁、三顺一丁、梅花丁、全丁式等（分丁、分顺、分皮）。

a. 一顺一丁：一皮顺砖与一皮丁砖相互交替砌筑而成，上下皮间的竖缝相互错开 1/4 砖长；多用于一砖厚墙的砌筑。

b. 三顺一丁：由三皮顺砖与一皮顶砖相互交替叠砌而成，上下皮顺砖搭接为 1/2 砖长；宜用于厚度一砖半以上的墙体砌筑。

c. 梅花丁：每皮中丁砌与顺砌相隔，上皮丁砖坐于下皮顺砖，上下皮相互错开 1/4 砖长；用于砌筑清水墙或当砖规格不一致时。

d. 全丁式：全部用丁砖砌筑，两皮间竖缝相互错开为 1/4 砖长；多用于圆形建筑物，如水塔、烟囱、水池、圆仓等。

（3）常用砌筑方法。主要有"三一砌砖法"、铺灰挤砌法、满刀灰刮浆法、"二三八一砌筑法"。这些砌筑方法是砌筑工必须要掌握的基本技能，现代建筑及水电工程施工中，最常用的砌筑方法是"三一砌筑法"。

1）三一砌筑法。其基本方法是，一铲灰、一块砖、一揉压。作业时，操作工应顺墙体斜站，左脚在前，离墙约 150mm 左右，右脚在后，离左脚跟 300～400mm，砌筑方向是人后退方向，这样方便随时检查已经砌好的砖墙是否垂直，随着砌筑进行，人适时后退，随退随砌。铲灰时，应该用铲底摊平砂浆，便于掌握吃灰量，用手腕横向转动铲灰，减少手臂动作，取灰量应根据灰缝厚度，以满足一块砖使用量为准。左手拿砖，右手铲砂浆，同时将砖和砂浆拿起来，以减少弯腰次数。铺灰可以使用方形大铲或桃形大铲，铺灰动作可分为甩→溜→丢→靠，揉砖时，眼睛要上边看线，下边看墙皮，左手中指随即伸下去摸一下上下砖是否齐平，砌好一块砖时随即将挤出的砂浆刮回，放在竖缝中或投入灰斗内。揉砖时主要要使砖缝中砂浆饱满，砖面上的砂浆如果较薄，挤揉时用的力气要小些，如果砖面上的砂浆较厚，挤揉的力气要大写，目的是使灰缝均匀。要根据砂浆的位置要采取前后或者左右揉的方式，最后使得砖与线平齐。"三一砌筑法"适合砌筑窗间墙、烟囱、砖垛等较短的部位。

2）铺灰挤砌法。是用铺灰工具铺好一段砂浆，然后再进行挤浆砌砖。铺灰工具可采用灰勺、大铲等，挤浆砌砖可分为单手挤浆和双手挤浆两种。用灰勺或大铲铺灰时，应力求平整，防止出现沟槽空隙，砂浆铺的宽度应比墙厚稍微窄一些，形成缩口形状。拿砖时要注意观察砖的方位及大小面，离墙远的这只脚后退半步，伸出左手拿砖，右手用工具配合辅助拿砖，拿到砖后，刚才后退的脚恢复原位，靠墙近的手先挤砌，另一只手跟上配合。铺灰挤砌法适合砌筑混水和清水长墙。

3）满刀灰刮浆法。是用瓦刀铲起砂浆，刮在砖面上，再进行砌筑。这种方法砌筑质量较好，但这种方法砌筑速度较低，生产效率不高，仅用来砌筑拱门、窗台及炉灶等对质量要求较高的部位。

4）"二三八一砌筑法"。该法讲的是瓦工在砌砖过程中人体各个部分的运动规律，其中"二"指的是两种步伐，即丁字步和并列步；"三"指的是三种弯腰，即侧身弯腰、丁字步弯腰和正弯腰；"八"指的是八种铺浆手法，即砌顺砖时用甩、扣、泼和溜四种手法，砌丁砖时用扣、溜、泼和"一带二四"；"一"指的是一种挤浆动作，即先挤浆揉砖后顺带刮去余浆。

（4）砖砌体的施工工艺流程：

1）抄平放线：砌筑前，底层用水泥砂浆找平，再以龙门板定出墙身轴线、边线。

2）摆砖：在放线的基面上按选定的组砌方式用砖试摆。

3）立皮数杆：在皮数杆上划有每皮砖和砖缝厚度，以及门窗洞口、过梁、梁底、预埋件等标高位置。

4）盘角、挂线："三皮一吊（垂直度）、五皮一靠（平整度）"，单面、双面挂线。

a. 根据皮数杆先在墙角砌 4～5 皮砖，称为盘角。

b. 根据皮数杆和已砌的墙角挂准线，作为砌筑中间墙体的依据，每砌一皮或两皮，准线向上移动一次，以保证墙面平整。

5）砌筑：铺灰挤砌法和"三一砌砖法"。

a. 铺灰挤砌法：先铺灰浆，再摆砖，后向灰缝挤浆；铺浆长度不大于 750mm，环境温度高于 30°时铺浆长度不大于 500mm。

b. "三一砌砖法"：即"一铲灰、一块砖、一挤揉"；宜砌筑实心墙（速度慢，质量优）。

6）勾缝：保护墙面并增加墙面美观，有平缝、斜缝、凹缝等。

7）清理落地灰。

2. 实训案例

如图 4.2 所示，练习普通烧结砖的四种组砌形式。

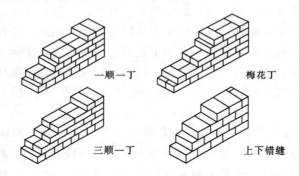

图 4.2 普通黏土砖的四种组砌形式

3. 实训工具准备

准备铁锹 5 把，灰板 5 把，铁抹子 5 把，灰槽 5 个，细线 5m 长（5 根），水桶 5 个。

4. 材料准备

准备普通烧结砖 500 块，砖必须提前一天浇水湿润；砂 0.5m³。

4.2.1.3 实训步骤

实训按照下面流程进行：知识准备→进场→佩戴安全帽→安全教育→材料准备→实训→现场评定成绩。

指导教师先讲解各种组砌形式的知识和适用的情况，然后演示砌块的四种组砌形式，让学生分组完成四种组砌形式的练习。

4.2.1.4 质量要求

（1）砖砌体组砌方法应正确，上、下错缝，内外搭砌。

（2）砖砌体的灰缝应横平竖直、厚薄均匀。灰缝厚度宜为 10mm，但不应小于 8mm，也不应大于 12mm。

（3）任务单填写完整、内容准确、书写规范。

（4）各小组自评要有书面材料，小组互评要实事求是。

4.2.1.5 学生实训任务单

学生实训任务单见表 4.2、表 4.3。

表 4.2 　　　　　　　　　　　材 料 用 量 计 算 单

项目	一顺一丁	三顺一丁	梅花丁	全丁式（上下错缝）
普通黏土砖/块				
面砂/m³				

表 4.3 　　　　　　　　　实心砖墙体砌块组砌形成实训考核表

姓名：		班级：		指导教师：		总成绩：	
相关知识				评分权重 10%		成绩：	
1. 砌块组砌形式（240 墙）							
2. 什么是排砖撂底？							
3. 砌体施工中如何控制墙体垂直度？							
实训知识				评分权重 10%		成绩：	
1. 常用的砌块种类有哪些？							
2. 常用的砌筑施工方法有哪些？							
3. 场地的准备工作要点有哪些？							
4. 砌筑施工有哪些常用施工机械设备？							
5. 砌筑施工有哪些工具？							
考核验收				评分权重 60%		成绩：	

	项　目	考核要求	检验方法	验收记录	分值	得分
1	工作程序	准备工作进行充分	巡查		5	
2	材料用量计算实训任务单（表 4.2）填写	正确	检查		5	
3	正确使用手工工具	正确	检查		5	
4	组砌形式	正确	观察、检查		20	
5	水平灰缝	8~12mm	钢尺检查		10	
6	竖直灰缝	8~12mm	钢尺检查		10	
7	墙面平整	无明显凸起	观察		10	

续表

	项　目	考核要求	检验方法	验收记录	分值	得分
8	拐角垂直度	拐角垂直	线锤		10	
9	场地	整齐有序	观察		5	
10	安全施工	安全设施到位、没有危险动作	巡查		10	
11	文明施工	工具完好、场地整洁	巡查		5	
	施工进度	按时完成				
12	团队精神	分工协作	巡查		5	
	工作态度	人人参与				

实训质量检验记录及原因分析		评分权重 10%	成绩：
实训质量检验记录	质量问题分析	防治措施建议	
实训心得		评分权重 10%	成绩：

4.2.2　项目二：墙体构造柱预留

4.2.2.1　教师教学指导参考（教学进程表）

教学进程见表 4.4。

表 4.4　　　　　　　　　　**墙体构造柱预留教学进程表**

学习任务		墙体构造柱的预留		
教学时间/学时		4	适用年级	综合实训
教学目标	知识目标	让学生通过实训，认知构造柱，并理解构造柱对于建筑抗震的作用，达到理论联系实际，相互促进提高的目的		
	技能目标	能计算材料及工具的用量，编制材料需用量计划，正确进行砌体材料、机械、工具及场地的准备工作；掌握规范对于构造柱施工的要求；能够辨别建筑中的构造柱与框架柱、圈梁与框架梁设置位置的不同，学会在现场进行构造柱质量检查，了解其质量通病，分析其原因并提出相应的防治措施和解决办法		
	情感目标	培养团队合作精神，养成严谨的工作作风；做到安全施工、文明施工		

4.2.2.2 实训准备

1. 知识准备

凡设有构造柱的工程,在砌砖前应先根据设计图纸将构造柱位置进行弹线,并把构造柱插筋处理顺直。砌砖墙时与构造柱连接处砌成马牙槎,每一个马牙槎沿高度方向的尺寸不应超过300mm,马牙槎应先退后进。墙体拉结筋按设计要求放置,设计无要求时,一般沿墙高每500mm设置2根Φ6水平拉结筋,每边伸入墙内不应小于1000mm(拉结筋端头应设置弯钩),如图4.3所示。

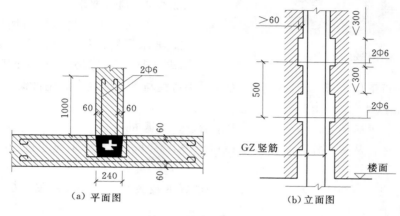

图4.3 拉结钢筋布置及马牙槎

2. 实训案例

完成下列三种墙体位置构造柱的砌筑,如图4.4~图4.6所示。

图4.4 纵墙构造缝的砌筑预留

图4.5 横纵墙交接处的构造柱砌筑预留

3. 设备工具准备

准备铁锹、拌和盘、灰板、抹子、灰槽,按照分组,一组一套工具。

4. 材料准备

准备黏土砖1500块,提前一天湿润,拌和黏土提前一天湿润。

4.2.2.3 实训步骤

(1) 分三组随即抽取实训任务,三种实训任务分别是纵墙、纵横墙、墙角构造柱的砌

图 4.6　墙体拐角处构造柱的砌筑与预留

筑预留，如图 4.4～图 4.6 所示。

（2）各小组成员分工，画图计算，为排砖摆底做好准备。

（3）按照图示挂线砌筑构造柱空腔。

（4）砌筑质量检查，小组自评，小组互评

（5）实训工具，材料整理，场地清洁。

4.2.2.4　质量要求

（1）为了加强构造柱与墙体之间的作用，要求将构造柱与墙体交接处砌筑成阴阳槎，砌体突出部分长度不小于 60mm。

（2）在贴近下层楼板表面的部位，为加强构造柱与下部连接，应先将砌块后退，砌成"放大脚"，往上"一进一退"交替变化。

（3）构造柱处砖墙应砌成马牙槎，先退后进，进退 60mm。

（4）大马牙槎从每层柱脚开始，每一马牙槎沿高度方向尺寸不应超过 300mm（一般是 5 皮砖）。

（5）墙与柱应沿高度方向每 500mm（一般是 8 皮砖）设水平拉结筋，拉结筋每边伸入墙内不应小于 1000mm。

（6）上下错缝，竖缝厚度为 10mm 左右，但不小于 8mm，也不大于 12mm。

（7）斜槎水平长度不应小于墙体高度的 2/3。

（8）任务单填写完整、内容准确、书写规范。

（9）各小组自评要有书面材料，小组互评要实事求是。

4.2.2.5　学生实训任务单

学生实训任务单见表 4.5。

表 4.5　墙体构造柱预留实训考核表

姓名：		班级：		指导教师：		总成绩：
相关知识				评分权重 25%	成绩：	
1. 构造柱有什么作用？						
2. 构造柱与墙体之间的拉结筋要求是什么？						
3. 构造柱的最小截面尺寸是多少？						
4. 构造柱的最小主筋要求是多少？						
5. 构造柱箍筋最小要求是多少？						
实训知识				评分权重 15%	成绩：	
1. 构造柱侧的大马牙槎高度方向尺寸是多少？						
2. 大马牙槎从柱脚开始应先退后进，还是先进后退？						
3. 大马牙槎的进退尺寸是多少？						

考核验收				评分权重50%	成绩:	
	项 目	考核要求	检验方法	验收记录	分值	得分
1	工作态度	遵守纪律、态度端正	观察、检查		10	
2	马牙槎及拉结筋	马牙槎高不大于300mm，拉结筋埋入墙内1000mm长，两层拉结筋竖向间距不大于500mm	观察、尺量		10	
3	水平灰缝砂浆饱满度	≥80%	百格网		10	
4	垂直度（每层）	≤5mm	线锤、托线板检查		10	
5	组砌方法	上下错缝，内外搭砌；上下二皮砖搭接长度小于25mm的为通缝	观察、尺量		10	
6	水平灰缝厚度	8~12mm	量10皮砖砌体高度折算		10	
7	表面平整度	清水：5mm；混水：8mm	用2m靠尺和楔形塞尺检查		10	
8	水平灰缝平直度	10mm	拉线和尺栓检查		10	
9	安全	没有危险动作	巡查		5	
10	文明施工	工具完好、场地整洁	巡查		5	
11	施工进度	按时完成	巡查		5	
12	团队精神	分工协作	巡查		5	
	工作态度	人人参与				

实训质量检验记录及原因分析		评分权重5%	成绩:
实训质量检验记录	质量问题分析	防治措施建议	

实训心得	评分权重5%	成绩:

4.2.3 项目三：砌体构件砌筑

4.2.3.1 教师教学指导参考（教学进程表）

教学进程见表4.6。

表4.6　　　　　　　　　　　　砌体构件砌筑教学进程表

学习任务		砌体构件砌筑		
教学时间/学时		8	适用年级	综合实训
教学目标	知识目标	学生能正确使用砌筑材料及常用工具；能正确查阅有关技术手册和操作规定，并能应用于实训项目；掌握砖基础的一般构造要求		
	技能目标	学生能按照砖基础质量标准熟练地进行自检和互检，能分析砖基础的质量通病，能提出一定的防治措施和解决办法		
	情感目标	通过教育使学生能够了解安全操作的重要性，加强自我保护的意识，提高学生的动手能力，形成良好的职业素质		

4.2.3.2 实训准备

1. 知识准备

相关内容见本单元项目一和项目二。

2. 实训案例

（1）实训案例1：基础砌筑。

图4.7为一砖基础剖面图，要求用图中尺寸砌一砖基础转角，长度1m左右。基础砌筑形式参见图4.8。

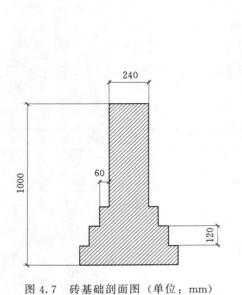

图4.7　砖基础剖面图（单位：mm）

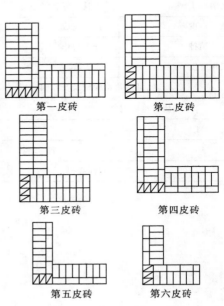

图4.8　基础砌筑形式示意图

（2）实训案例2：砖柱砌筑。

128

按图 4.9 图纸中柱的三种尺寸砌筑砖柱，柱与柱之间距离可不参考图纸样式。高度为 Z1：0.8m（约合 12 皮砖），Z2：1.0m（约合 15 皮砖），Z3：1.4m（约合 20 皮砖）。三种砖柱的组砌方法参见图 4.10。

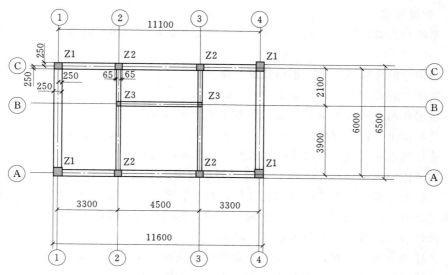

图 4.9 某工程平面布置图

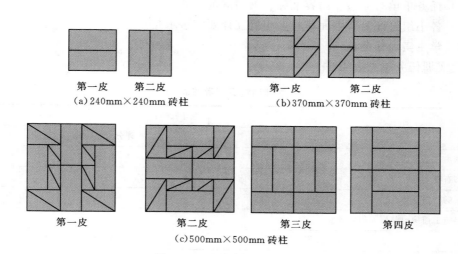

图 4.10 三种砖柱的组砌方法

3. 设备工具准备

准备泥刀、泥桶、铁铲、皮数杆、托线板、线锤、塞尺。

4. 材料准备

准备 240mm×115mm×53mm 砖、砂浆、拉结筋。

4.2.3.3 实训步骤

（1）分组布置实训任务。

（2）各小组成员分工，画图计算，为排砖摆底做好准备。

（3）拌制砂浆，砌筑，搬砖，摆砖，分工合作，岗位轮流替换。

（4）砌筑质量检查，小组自评，小组互评。

（5）实训工具、材料整理，场地清洁。

4.2.3.4 质量要求

（1）基础放大脚应错缝，利用碎砖和断砖填心时，应分散填放在受力较小、不重要的部位。

（2）预留空洞应留置准确，不得随意开凿。

（3）基础灰缝必须密实，以防止地下水的侵入。

（4）各层砖与皮数杆要保持一致，偏差不大于±10mm。

（5）使柱面上下皮的竖缝相互错开1/2砖长或1/4砖长，在柱心无通天缝。

（6）砖柱的水平灰缝和竖向灰缝宽度宜为10mm，且不小于8mm，不大于12mm，水平灰缝的砂浆饱满度不得小于80%，竖缝也要求饱满，不得出现透明缝。

（7）柱砌至上部时，要拉线或用托线板检查垂直度。同时还要对照皮数杆的砖层及标高，如有偏差时，应在水平灰缝中逐渐调整，使砖的层数与皮数杆一致。

（8）砖柱表面的砖应边角整齐，色泽均匀。

（9）砖柱地面都有棱角，在砌筑时一定要勤加检查，尤其是下面几皮砖要吊直，并要随时注意灰缝平整，防止砖柱扭曲或砖皮一头高一头低等情况。

（10）任务单填写完整、内容准确、书写规范。

（11）各小组自评要有书面材料，小组互评要实事求是。

4.2.3.5 学生实训任务单

学生实训任务单见表4.7、表4.8。

表 4.7　　　　　　　　　　　　　　**基础砌筑实训考核表**

姓名：		班级：	指导教师：		总成绩：	
		相关知识		评分权重20%	成绩：	
1. 砖基础由什么组成？						
2. 放大脚有哪两种？						
3. 防潮层的材料是什么？						
4. 防潮层施工前应对基层如何处理？						
		实训知识		评分权重15%	成绩：	
1. 砖基础台阶每边收进尺寸是多少？						
2. 放大脚的收退，宜采用什么组砌法？						
3. 基础分段砌筑应留什么槎？						
		考核验收		评分权重55%	成绩：	
	项　目	考核要求	检验方法	验收记录	分值	得分
1	工作态度	遵守纪律、态度端正	观察、检查		10	
2	基础顶面、楼面标高	±15 mm	用水平仪和尺量检查		10	

	项 目	考核要求	检验方法	验收记录	分值	得分
3	水平灰缝砂浆饱满度	≥80%	百格网		10	
4	垂直度（每层）	≤5mm	线锤、托线板检查		10	
5	组砌方法	上下错缝，内外搭砌上下二皮砖搭接长度小于25mm的为通缝	观察、尺量		10	
6	水平灰缝厚度	8～12mm	量10皮砖砌体高度折算		10	
7	表面平整度	清水：5mm 混水：8mm	用2m靠尺和楔形塞尺检查		10	
8	水平灰缝平直度	10mm	拉线和尺栓检查		10	
9	安全	不出安全事故	巡查		10	
10	整洁	工具完好、作业面的清理	观察、检查		5	
11	团队精神	分工协作	巡查		5	
	工作态度	人人参与				

实训质量检验记录及原因分析		评分权重5%	成绩：
实训质量检验记录	质量问题分析	防治措施建议	

实训心得	评分权重5%	成绩：

表 4.8　　　　　　　　　　　　砖柱砌筑实训考核表

姓名：	班级：	指导教师：	总成绩：
相关知识		评分权重15%	成绩：
1. 什么是通缝？			
2. 柱中间部分造成通天缝的主要原因是什么？			
3. 砖柱上可以留脚手眼吗？			

续表

实训知识			评分权重15%	成绩：	
1. 上下皮竖向灰缝应错开多少？					
2. 砖柱要特别注意灰缝平整，防止什么情况出现？					
3. 砌筑时人可以站在柱上吗？					

考核验收				评分权重60%	成绩：	
	项　目	考核要求	检验方法	验收记录	分值	得分
1	工作态度	遵守纪律、态度端正	观察、检查		10	
2	柱顶标高	±15 mm	用水平仪和尺量检查		10	
3	水平灰缝砂浆饱满度	≥80%	百格网		10	
4	垂直度（每层）	≤5mm	线锤、托线板检查		10	
5	组砌方法	上下错缝，内外搭砌；上下二皮砖搭接长度小于25mm的为通缝	观察、尺量		10	
6	水平灰缝厚度	8～12mm	量10皮砖砌体高度折算		10	
7	表面平整度	清水：5mm；混水：8mm	用2m靠尺和楔形塞尺检查		10	
8	水平灰缝平直度	10mm	拉线和尺栓检查		10	
9	安全	不出安全事故	巡查		10	
10	整洁	工具完好，作业面清理	观察、检查		5	
11	团队精神	分工协作	巡查		5	
	工作态度	人人参与				

实训质量检验记录及原因分析		评分权重5%	成绩：
实训质量检验记录	质量问题分析	防治措施建议	

实训心得	评分权重5%	成绩：

单元5　抹灰工及现场管理实训

5.1　概　　述

抹灰工程是工业与民用建筑装饰装修分部工程中最重要的部分。按《建筑工程施工质量验收统一标准》（GB 50300—2013）规定，抹灰工程包括一般抹灰、装饰抹灰和清水砌体等三个分项工程。

抹灰和饰面安装工程能保护主体结构，使其免受侵蚀，提高主体结构的耐久性，还能达到美观、舒适的效果，是建筑艺术表现的重要部分。

5.1.1　实训目标

使学生认知抹灰工程常用材料、常用机械设备、常用工具、常用施工方法，质量要求及常见安全知识。

5.1.2　实训重点

实训重点为抹灰工程材料的类型、使用要求以及各种抹灰工程的施工工艺工法。

5.1.3　教学建议

建议学生找机会深入工地参观学习抹灰工程，从质量要求上理解施工方法并实际动手操作。学校要有专门的实训场所，能容纳45名学生同时进行抹灰工程实训。

5.1.4　实训条件及注意事项

1. 实训场地

按一次一个班实训，2～3人一组，一个班分15组，场地面积不少于200m²。

2. 实训工具

抹灰工实训工场需准备的常用机具及工具有：小型搅拌机、铁锹、灰桶、铁抹子、木抹子、托灰板、刮尺、靠尺、方尺、托线板、尼龙线、茅柴帚、洒水壶、扫帚等。

3. 实训材料准备

抹灰工职业实训每一小组（每一实训工位）需用材料见表5.1。

表 5.1　　　　　　　　　　　抹 灰 工 实 训 材 料

材料名称	规格	数量	备注
石灰粉		5kg	无结块
中砂	过筛	0.2m³	含泥量＜5%
纸筋灰	3mm过筛	5kg	熟化时间＞15d

4. 工具和材料使用注意事项

(1) 施工中应加强材料的管理，工具、机械的保养和维修。

(2) 石灰粉、砂子等原材料质量要求要符合规范要求。

(3) 材料的使用、运输、储存在施工过程中必须采取有效措施，防止损坏、变质和污染环境。

(4) 常用工具操作结束应清洗收好。

5. 施工操作注意事项

(1) 操作前应对基层进行处理，洒水湿润。

(2) 上灰前还应检查标志块是否符合要求。

(3) 砂浆拌制应均匀一致，根据天气和基层选择合适的砂浆稠度。

(4) 抹灰层应平整、垂直，无接槎；面层压光应光滑，阴阳角顺直。

(5) 抹灰层与基层之间及各抹灰层之间必须黏结牢固，抹灰层应无脱层、空鼓、面层无爆灰和裂缝。

(6) 抹灰分格缝的宽度和深度应均匀，表面应光滑，棱角应整齐顺直，内高外低。

(7) 不得在脚手架上堆放大批量模板等材料。

6. 学生操作纪律与安全注意事项

(1) 穿实训服，衣服袖口有缩紧带或纽扣，不准穿拖鞋。

(2) 留辫子的同学必须把辫子扎在头顶。

(3) 作业过程必须戴手套，木模板加工使用电动机械的操作由教师进行。

(4) 实训工作期间不得嬉笑打闹，不得随意玩弄工具。

(5) 认真阅读实训指导书，依据实训指导书的内容，明确实训任务。

(6) 实训期间要严格遵守工地规章制度和安全操作规程，进入实训场所必须戴安全帽，随时注意安全，防止发生安全事故。

(7) 实训中，学生要积极主动，遵守纪律，服从实习指导教师的工作安排，要虚心向工人师傅学习，脚踏实地，扎扎实实，深入实训操作，参加具体工作以培养实际工作能力。

(8) 遵守实训中心各项规章制度和纪律。

(9) 每天写好实训日记，记录施工情况、心得体会、革新建议等。

(10) 实训结束前写好实训报告。

5.1.5　实训安排

(1) 课程实训安排，课程教学实训，任课老师先制定实训时间表上报系，教务科（系部）汇总调整，制定学期专业实训课课表，下发由任课教师执行。

(2) 分组安排，毕业班按照教学班分组，每组 6 人。

(3) 过程安排：

1) 学生进入实训中心，先整理队伍，按小组站好，教师点名签到签字，小组长领安全帽、手套，并发放给各位同学。

2) 同学们戴好安全帽，听实训指导教师讲解实训过程安排和安全注意事项。各小组同学按实训项目进行实训材料用量的计算，填写领料单，领取材料，堆放到相应工位。

3）由实训指导教师协调设备运行并负责安全。

4）全部实训分项操作结束，实训指导教师进行点评、成绩评定。

5）每次（每天）实训结束后，学生将实训所做项目全部拆除（如检测实训要用，可暂不拆除），重复使用材料清理归位。废料清理、操作现场清扫干净。

5.2 实 训 项 目

5.2.1 项目一：墙面抹灰

5.2.1.1 教师教学指导参考（教学进程表）

教学进程见表5.2。

表 5.2 墙面抹灰教学进程表

学习任务		墙面抹灰工程施工		
教学时间/学时		4	适用年级	综合实训
教学目标	知识目标	通过实训，让学生了解认知抹灰工程常用材料工具		
	技能目标	能计算灰浆配合比及材料用量，编制材料需用量计划，正确进行砌体材料、机械、工具及场地的准备工作；掌握规范对于抹灰工程施工的要求；能够手工抹灰操作、学会在现场进行抹灰工程质量检查，了解其质量通病，分析其原因并提出相应的防治措施和解决办法		
	情感目标	培养团队合作精神，养成严谨的工作作风；做到安全施工、文明施工		

5.2.1.2 实训准备

1. 知识准备

（1）抹灰工程概述：

1）抹灰。在建筑物的墙柱梁顶位置，用砂浆或灰浆抹光或者用砂浆或灰浆粘接块材的工作称为抹灰。抹灰是一项工程量大、施工工期长、劳动力耗用比较多、技术要求比较高的工作。

要掌握好抹灰的技能，需要不断实践，特别需要掌握建筑材料的基本性能和鉴别的知识，材料与季节性施工的基本知识，以及基本的操作程序和有关操作规范等。

2）抹灰的作用。抹灰的作用，其一是实用，即满足使用要求，其二为美观，即有一定的装饰效果。具体来说，在墙上抹灰，能提高结构的使用年限，使墙柱顶的表面光滑，便于清洁，同时起到防潮、保温、隔音等效果。也有利于改善房间采光效果及耐酸、耐碱、阻隔辐射等作用。

3）抹灰的分类：

a. 按照部位分可以分为室内抹灰和室外抹灰。

b. 按照基层不同可以分为混凝土基层抹灰、钢筋混凝土基层抹灰、泡沫混凝土板基层抹灰、普通砖基层抹灰、钢板网基层抹灰、石膏板保温板块材基层抹灰、木板基层抹灰、陶粒块材基层抹灰、石材基层抹灰等。

c. 按照所使用材料分类，可以分为水泥砂浆抹灰、石灰砂浆抹灰、混合物砂浆抹灰、聚合物砂浆抹灰、水泥石子浆抹灰、石膏灰浆抹灰、特种砂浆抹灰等。

d. 按照使用要求可以分为普通、中级、高级抹灰。

e. 按照工艺类型可分为装饰抹灰、艺术抹灰、饰面材料粘贴与安装。

（2）抹灰工程的常用建筑材料：

1）胶凝材料：主要有石灰、石膏、水玻璃和水泥。其中，石膏是气硬性胶凝材料；水玻璃又叫泡花碱，是一种性能优良的矿物胶，它能够溶解于水并在空气中凝结硬化，具有不燃、耐酸、不朽等多种优良性能。水泥为水硬性无机胶凝材料，它既能够在空气中硬化，也能够更好地在水中硬化，并长久地保持及提高其自身硬度，应用于干燥、潮湿乃至水下工程中。

2）骨料：主要有砂子、石子和纤维材料。砂主要有普通砂和石英砂两类。普通砂依据产源地不同可以分为河沙、山沙、海沙、人工砂等。依据粒径大小不同可以分为粗砂、中砂、细砂、面砂。抹灰用的石子主要有豆石和色石渣，其中豆石是做豆石楼地面的粗骨料，也可用于制作豆石水刷石的材料，抹灰用豆石粒径宜为 5～8mm；色石渣可以按照粒径不同分为大八粒、中八粒、小八粒等，主要用来制作水刷石、水磨石、剁斧石等。

3）纤维材料：用于增强抹灰层的拉结能力和强度，使抹灰层裂纹减少，容易黏结、不易脱落；主要有纸筋、麻刀和玻璃丝。

4）饰面板块材：主要有花岗岩、大理石、面砖、瓷砖、全瓷砖、钢砖、马赛克等。

（3）抹灰工程的常用机具设备：

1）机械设备：砂浆搅拌机，混凝土搅拌机，灰浆机（用于搅拌麻刀灰、纸筋灰和玻璃丝，见图 5.1），喷浆泵（用于水刷石施工及各类基面的润湿，见图 5.2），水磨石机（见图 5.3），无齿锯（用于切割各种饰面板块），云石机（又称便携式无齿锯），卷扬机（垂直运输机械，见图 5.4）

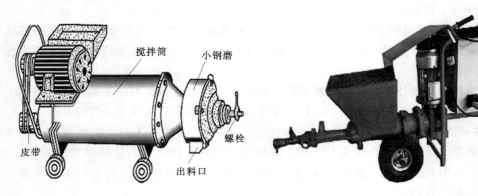

图 5.1 灰浆机　　　　　　　　　　　　图 5.2 喷浆泵

2）手工工具。主要有：①抹子，分方头和尖头，有普通抹子、石头抹子之分；②压子（用弹性较好的钢制成，用于纸筋灰的压光）；③勾刀（用于抹光暖气管道、暖气片背后等用普通抹子抹不到但又能看到的部位，见图 5.5）；④塑料抹子（用于抹纸筋灰等，见图 5.6）；⑤塑料压子（用于纸筋灰面层的压光）；⑥各类抹子（阴角抹子、阳角抹子、护角抹子、圆阴角抹子、画线抹子等）；⑦灰板（有塑料和木制两种，用于抹灰时托砂浆）；⑧靠尺（是抹灰时用来制作阳角的工具）；⑨刷子、滚子（用于滚刷各类面层）。

图 5.3 水磨石机

图 5.4 卷扬机

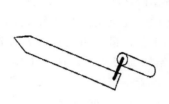

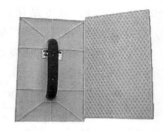

图 5.5 勾刀

图 5.6 塑料抹子

（4）抹灰工程基本功。抹灰的基本功分为抹灰的常识和抹灰的技能。

1）抹灰的常识即要知道在什么基层上要抹什么种类的砂灰浆，及灰浆的比例、水灰比、稠度及不同的分层做法等。

2）抹灰的技能即抹灰过程中的手法、眼法和身法：

a. 手法。第一项就是打灰，就是把灰板上的灰浆打到抹子上的过程，打灰时，左手端灰板，向前扬起，右手拿抹子，抹子底面朝上，向前上方推起灰板上的灰浆，左手拿灰板的配合动作是向左下方抽下灰板，灰板上的灰浆可以根据砂浆用量不同分一次或多次打到抹子上。手法上还需要知道，基层不同，抹灰部位不同，灰浆种类不同，干湿度不同，在下抹子时应该使用不同的角度、力度，并配合拍、揉、搓、抹等动作。

b. 眼法。眼法主要包括眼神和目测水准，眼神指的是眼睛跟着抹子走，抹子到哪里眼睛就看到哪里，用目测用灰量，打灰量可以通过手感取得。有经验的抹灰工，可以通过目测知道基层面层的垂直平整度，以及基层含水率情况和灰浆干湿情况，也包括目测门窗洞口的垂直度，阴阳角的垂直度。目测水平高的师傅可以利用目测减少仪器检测量，从而大幅度减少工作量。

c. 身法。身法随步伐的不同而变，指的是抹不同部位时使用的不同的上身姿势，操作者在抹地面、踢脚线、顶棚、墙面等不同位置时，各有各的身法和步法。

（5）抹灰工艺（此处以墙体抹灰为例进行说明）：

1）做灰饼。为使所抹的墙面垂直平整，应先做灰饼挂线。首先用拖线板检查墙面的垂直平整度，以此来决定灰饼的厚度。原则上要求墙面上最高的位置要能够抹上不少于

5mm 厚度的灰浆。其方法是，在墙两边离开阴角 10～20cm 的位置，在上部做一个边长 5cm 的灰饼，挂线，在踢脚线上 25cm 左右做一个灰饼，灰饼要平整，不能倾斜，扭翘。上下两个灰饼要在一条直线上，然后在墙面另一侧用同样的方法做两个灰饼，随后，在四个灰饼的外侧钉四个钉子，上下分别挂线，先离开灰饼面 1mm 并拉紧。然后再在线的中间每隔 1～1.5m 的位置再行制作灰饼，上下对应的两个灰饼要在同一垂直线上。当墙面高度超过 3m 时，做上部灰饼要在离开上部板墙或板梁连接阴角约 10cm 处，再用缺口模板制作下部灰饼，随后可以挂线在中间加密灰饼数量。

2）冲筋。灰饼做好后，应该用与底子灰相同的材料，依两个做好的灰饼为准，在相邻的上下左右两两灰饼之间冲筋。方法是在两个灰饼中间抹上稍微高于灰饼的灰埂，然后用刮尺沿两个灰饼的高上下搓动刮去灰埂上多余的砂浆，直到与上下两个灰饼达到同样的高度，然后利用刮尺和抹子将灰埂两侧多余的砂浆切去。

3）抹底子灰。筋冲完之后，就可以开始抹底子灰了，就是我们常说的装档刮平。就是依据两侧的冲筋，在中间填抹砂浆，然后依据两筋将中间砂浆刮抹平整。一般应该分两次抹，第一遍薄抹一层，根据所抹砂浆被吸水的情况决定开始抹第二层砂浆的时间。中间部分填抹的砂浆应稍高于两边的筋，然后压刮平整，最后用大木抹子刮平。

4）抹面层灰。底子灰完成后，就可以开始抹面层灰了，这个工作又称为罩面，顺序是从上到下，从左到右，抹完后用大杠刮平，检查平整度和垂直度。凹处用砂浆填平，再次用大杠刮平，木抹子搓平，铁抹子收光。等待少许时间，再次压光抹平。

5）门窗洞口抹灰，门窗口位置应该一侧贴靠八字尺来抹光另一侧，然后同一方法抹光另一侧，取下八字尺后，用阳角抹子捋直。

（6）不同部位抹灰的操作方法：

1）墙面抹灰。按照基层不同可以将墙面抹灰分为普通砖墙基层抹灰、泡沫加气混凝土墙基层抹灰、陶粒砖板墙基层抹灰、石墙基层抹灰、混凝土墙基层抹灰等，相应的砂浆也有水泥砂浆、石灰砂浆、混合砂浆等多种。不管什么基层及什么灰浆，抹灰的技术操作共同的工作就是挂线、做灰饼、找规矩等工作，在依据灰饼的厚度做好门窗口护角、抹好窗台，然后做好冲筋、装档、搓平等打底工作，最后完成罩面压光，做好养护。这里还有门窗洞口护角、窗台等的抹灰工作，此处不再累述。

2）踢脚线、墙裙抹灰。踢脚、墙裙一般都在墙面底子灰抹完后，地面贴砖之前进行，现场一般先抹底子灰和纸筋灰，再用水平仪找 50 线，然后定踢脚一圈水平线，再用贴尺靠线切去踢脚上沿多余底子灰及纸筋灰面层。修理后使踢脚线出现挺直光滑美观的上棱角。完成以上工作后，还应加抹 1∶2.5 的水泥砂浆，抹完后用大杠刮平，木抹子搓平、钢板抹子溜光。上棱出墙厚度均匀一致。

3）地面抹灰。地面抹灰应按照以下工序进行：查找＋50 线→依据＋50 线放样地坪高控制线点→弹一圈水平控制线→清扫基层→湿润垫层→洒水扫浆→1∶3 砂浆填平→做灰饼→标筋→1∶2 中砂砂浆抹平→木抹子搓平→钢板抹子压光→等待表面无水→铺木板再次压光→第三遍压光抹灰完成。

（注意：砂子最好用中砂，水泥最好用 42.5 水泥。洒水量以达到全部湿润但不积水为宜，干水泥用量为 1kg/m² 为宜。扫浆要有黏稠感，扫浆面积以中午、下午下班能抹完为准，从里向外依次退抹，不留脚印,地面应无砂眼,最后压光后等待 24 小时后开始养护,7 天后方可上人。)

4)顶棚抹灰。楼层净高小于 3.6m 时,搭设架子要注意,架子高度要使人站在架子上时,头顶距离棚顶 8～10cm。

顶棚抹灰前还应该悉心检查顶棚平整度是否满足抹灰要求,是否存在不牢固的地方,如果有,应该修理好及清理干净,在近顶的四周墙上弹一圈封闭的墨线,作为抹顶时找规矩的依据。

接下来用 10%水泥掺拌成的石灰麻刀给顶棚打浆,作为下一层砂浆的粘接层。然后刮小砂子灰,方便与下一层的粘接。待底层 6～7 成干时,用 1：2.5 砂浆做中层砂浆找平,厚度约为 6mm,等中层到 6～7 成干时,用纸筋灰罩面,罩面分两次垂直抹灰,以增加抹灰层的层间黏结力。

顶棚可以横抹也可以纵抹,人站成丁字步,抹子接近人的头顶时,重心应该在后腿上,抹子朝前抹时,重心由后腿逐步过渡到前腿,一般情况下,在抹大面时多采用横抹,抹到接近阴角时,改用纵抹。由于顶棚上相对难粘接,所以每次抹子打灰量要少些。两个人抹灰时,走在前面的人要将接槎留薄一些,以便后面的人接槎。

2. 实训案例

某学校××教学楼已完成地面上的主体工程,其中某教室东面内墙长 4m,现要求对该砖墙进行抹灰。

3. 设备工具准备

准备斗车、砂浆搅拌机、铁抹子、木抹子 、托灰板、刮尺、托线板、小线等。

4. 材料准备

(1)水泥使用 32.5 普通硅酸盐水泥,有出厂合格证及试验报告,且无结块、受潮等现象,出厂时间不超过三个月。

(2)砂采宜采用中砂,平均粒径 0.35～0.5mm,细度模数为 3.0～2.3,使用前要过筛(孔径为 0.5cm)。要求颗粒坚硬、洁净、无杂质,含泥量不超过 3%,严禁使用含铁等金属。

5. 施工准备

(1)墙面经检查符合要求,并弹好+50cm 的水平线。

(2)墙表面凸出部分应凿平,对其他影响抹灰的问题应处理完成。

(3)指导教师先做样板,学生在参观样板部分作业后,才能进行抹灰实训。

5.2.1.3 实训步骤

(1)班级分组,各小组成员分工。

(2)提前湿润基底。用水清除墙面的灰尘、污垢及凿除凸出的混凝土、碎木屑等附着物。砖墙面要提前一天淋水湿润,基层面不能过于光滑,如墙面超厚,则必须用 M5.0 以上混浆打底,每层厚度不大于 10mm。

(4)准备工具,按照配合比称量灰浆各成分用量。

(5)操作砂浆搅拌机拌和砂浆。

(6)抹灰。工艺流程:工程准备→打点、冲筋→抹护角→淋水湿润→混凝土表面扫108 胶水。

1) 墙面打点、冲筋：先用托线板检查砖墙面的平整度、垂直度，尽量把抹灰的厚度控制在最薄处 7~8mm 以内。阴、阳角用方尺来控制好其角头的方正，然后挂线打点，打点时应先在左右墙角上各做一个点，然后用线锤吊垂直做墙下角两个标准点（墙上距地面 250mm 处），再在墙角左右两个标准点之间拉通线，每隔 1.5m 左右补做灰饼，待打点干硬后，使用与抹灰层相同的砂浆在上下标准点之间做出宽 30~50mm 的砂浆带，作为抹灰面的控制线，俗称冲筋。

2) 室面所有门窗边、柱、墙阳角均做 1：2.5 水泥砂浆的护角。

3) 抹灰：墙面必须提前一天淋水湿润，墙面必须在湿润的情况下抹底灰，所有抹底砂浆要分层上墙，每层厚度不大于 10mm，每层均应湿润和刮毛。前后两次抹灰间歇一定时间，待先一层凝结并淋水养护 2 天后再做后一层，每层砂浆均必须用力抹压，使其黏结牢固。抹上层砂浆后，用刮尺（2 m 以上）刮平，找垂直度、平整度，最后用胶板把表面抹平整。压入砂粒，用刮尺刮平时，一定要刮到墙顶、墙脚及阴阳角处，确保阴阳角方正、垂直、平直，墙脚处不至于在做楼地面时有不平直的现象出现。墙脚下 25cm 抹灰线必须切割平直。

（7）抹灰质量检查，小组自评，小组互评。

（8）实训工具、材料整理，场地清洁。

5.2.1.4 质量要求

（1）各抹灰层之间及抹灰层与基层之间必须黏结牢固，无脱层、空鼓，面层无裂缝（风裂除外）等缺陷。

（2）抹灰表面光滑、洁净、颜色均匀、无抹纹，线角和灰线平直方正、清晰美观。

（3）任务单填写完整、内容准确、书写规范。

（4）各小组自评要有书面材料，小组互评要实事求是。

5.2.1.5 学生实训任务单

学生实训任务单见表 5.3。

表 5.3　　　　　　　　　　墙面抹灰实训考核表

姓名：	班级：	指导教师：		总成绩：
相关知识			评分权重 25%	成绩：
1. 抹灰工程的概念				
2. 抹灰为什么要分层？作用是什么？				
3. 各抹灰层之间分层厚度为多少？				
4. 一般抹灰工程常用砂浆有哪些？				
5. 内墙抹灰施工工艺流程				
实训知识			评分权重 25%	成绩：
1. 记录抹灰用工具				
2. 抹灰用材料配比和用量				
3. 抹灰的操作步骤				
4. 标筋的间距				
5. 记录底层灰、中层灰、罩面灰的厚度				

考核验收				评分权重40%	成绩：	
	项　　目	考核要求	检验方法	验收记录	分值	得分
1	工作程序	正确拌制砂浆，正确的工作程序	检查		10	
2	工作态度	遵守纪律、态度端正	观察、检查		10	
3	标志块、标筋的位置、距离	设置合理，±3mm	用2m靠尺检查		10	
4	表面平整度	±3mm	用托线板和塞尺检查		15	
5	表面垂直度	±3mm	用托线板和塞尺检查		15	
6	厚度	±3mm	用2m靠尺检查		10	
7	黏结牢固	不脱落、开裂	检查		10	
8	安全	不出安全事故	巡查		5	
9	文明施工	工具完好、场地整洁	巡查		5	
10	施工进度	按时完成	巡查		5	
11	团队精神	分工协作	巡查		5	
	工作态度	人人参与				

实训质量检验记录及原因分析		评分权重5%	成绩：
实训质量检验记录	质量问题分析	防治措施建议	

实训心得	评分权重5%	成绩：

5.2.2 项目二：地坪抹灰

5.2.2.1 教师教学指导参考（教学进程表）

教学进程见表 5.4。

表 5.4   地坪抹灰教学进程表

学习任务		地坪抹灰工程施工		
教学时间/学时		4	适用年级	综合实训
教学目标	知识目标	让学生通过实训，了解认知地面抹灰工程常用材料工具		
	技能目标	能计算地坪抹灰砂浆配合比及材料用量，编制材料需用量计划，正确进行地坪抹灰的准备工作；掌握规范对于地坪抹灰工程施工的要求；能够手工抹灰操作，学会在现场进行地坪抹灰工程质量检查，了解其质量通病，分析其原因并提出相应的防治措施和解决办法		
	情感目标	培养团队合作精神，养成严谨的工作作风；做到安全施工、文明施工		

5.2.2.2 实训准备

1. 知识准备

见本单元项目一知识准备。

2. 实训案例

某工程地面垫层以及预埋在地面内各种管线已做完，穿过楼面的竖管已安完，管洞已堵塞密实，墙、顶抹灰已做完，试进行地坪抹灰。

3. 工具设备准备

准备搅拌机、手推车、木刮杠、木抹子、铁抹子、喷壶、铁锹、扫帚、钢丝刷、粉线包、锤子、小水桶等。

4. 材料准备

水泥用 32.5 级硅酸盐水泥。砂采用中砂或粗砂，过 8mm 孔径筛子，含泥量不大于 3%。

5.2.2.3 实训步骤

1. 施工工序流程

地坪抹灰施工工艺流程：基层处理→找标高、弹线→洒水润湿→抹灰饼标筋→搅拌砂浆→刷水泥结合浆→铺水泥砂浆面层→木抹子搓平→铁抹子第一遍压光→第二遍压光→第三遍压光→养护。

（1）先将基层上的灰尘扫干净，用钢丝刷净，用錾子剔掉灰浆皮和灰渣层，用 10% 的火碱水溶液刷掉基层上的油污，并用清水及时将碱液冲净。

（2）根据墙上的 50 水平控制线，往下量测出面层标高，并弹在墙上。

（3）用喷壶将地面基层均匀洒水一遍，根据房间内四周墙上弹的面层标高水平线，确定面层抹灰厚度（不应小于 20mm），然后拉水平线，抹灰饼（5cm×5cm），横竖间距为 1.5～2.0m，灰饼上平面即为地面面层标高。

（4）房间比较大时，还须抹标筋。铺抹灰饼和标筋的砂浆材料配合比均与抹地面的砂浆相同。

（5）搅拌砂浆。应用搅拌机进行搅拌，颜色一致。

（6）在铺设水泥砂浆之前，应涂刷水泥浆一层，随刷随铺面层砂浆。

（7）涂刷水泥浆之后紧跟着铺水泥砂浆，在灰饼之间将砂浆铺均匀。

（8）木刮杠刮平后，立即用木抹子搓平，并随时用 2m 靠尺检查其平整度。

（9）木抹子刮平后，立即用铁抹子压第一遍，直到出浆为止。面层砂浆初凝后，用铁抹子压第二遍，表面压平压光。在水泥砂浆终凝前进行第三遍压光，第三次压光必须在终凝前完成。

（10）地面压光完工后 24h，开始洒水养护，保持湿润，养护时间不少于 7 天，然后才能上人。

2. 实训步骤

（1）班级分组，各小组成员分工。

（2）按工艺流程抹灰。

（3）抹灰质量检查，小组自评，小组间互评。

（4）实训工具、材料整理，场地清洁。

5.2.2.4 质量要求

（1）砂浆所用水泥、砂的材质，必须符合有关标准的规定。

（2）水泥砂浆面层的强度和密实度必须符合施工规范的规定。

（3）面层与基层的结合必须牢固，无空鼓、裂缝。

（4）面层表面洁净，无裂纹、脱皮、麻面和起砂等现象。

（5）有地漏的面层，坡度符合设计要求，不倒泛水、不渗漏、无积水，与地漏（竖管）结合处严密。

（6）任务单填写完整、内容准确、书写规范。

（7）各小组自评要有书面材料，小组间互评要实事求是。

5.2.2.5 学生实训任务单

学生实训任务单见表5.5。

表 5.5 　　　　　　　　　　　　地坪抹灰实训考核表

姓名：	班级：	指导教师：		总成绩：
相关知识			评分权重15%	成绩：
1. 地坪抹灰的特点				
2. 地坪抹灰的施工准备				
3. 外墙抹灰工艺流程				
实训知识			评分权重20%	成绩：
1. 记录抹灰用工具				
2. 抹灰用材料配比和用量				
3. 基层处理记录				
4. 养护方法和养护时间记录				

续表

考核验收				评分权重 55%	成绩：	
	项　目	考核要求	检验方法	验收记录	分值	得分
1	工作程序	正确拌制砂浆，正确的工作程序	检查		10	
2	工作态度	遵守纪律、态度端正	观察、检查		10	
	项　目	考核要求	检验方法	验收记录	分值	得分
3	水泥砂浆踢脚线与墙面应紧密结合	高度一致，出墙厚度均匀	用小锤轻击、钢尺和观察检查		10	
4	表面平整度	±5mm	用托线板和塞尺检查		15	
5	砂浆面层的允许偏差	±3mm	用 2m 靠尺和楔形塞尺检查		15	
6	缝格平直	±3mm	拉 5m 线和用钢尺检查		10	
7	面层表面观察	无裂纹、脱皮、麻面、起砂等缺陷	观察、检查		10	
8	安全	不出安全事故	巡查		5	
9	文明施工	工具完好、场地整洁	巡查		5	
10	施工进度	按时完成	巡查		5	
11	团队精神	分工协作	巡查		5	
	工作态度	人人参与				

实训质量检验记录及原因分析		评分权重 5%	成绩：
实训质量检验记录	质量问题分析	防治措施建议	

实训心得	评分权重 5%	成绩：

单元6 现场施工质量检验实训

6.1 概　　述

本单元的主要任务是面向水利水电工程施工专业、工业与民用建筑专业普及施工现场质量检测知识和培养动手操作技能，激发学生的专业兴趣，提高学生对建筑的理解和鉴赏；了解行业概况，学习水利职工职业道德，促进职业意识形成，为学生日后择业提供可以借鉴和参照的新思想和新观念。通过任务驱动项目教学，使学生了解施工现场检测及安全知识，掌握混凝土、砌筑、抹灰质量检测的原理和方法；培养学生学习该专业的兴趣，也旨在为建筑工程施工企业培训各岗位合格的管理人员。

6.1.1　实训目标

（1）掌握混凝土工程、砌筑工程及抹灰工程施工质量验收规范和质量评定标准；

（2）掌握混凝土工程质量检测内容、常用检测仪器以及常用的检测方法；

（3）掌握砌筑工程质量检测内容以及常用的检测方法；

（4）掌握砌筑工程质量检测内容以及常用的检测方法；

（5）掌握混凝土工程、砌筑工程及抹灰工程常用检测仪器的使用方法；

（6）培养良好的人际交往、团队合作能力和服务意识；

（7）培养良好的职业道德和严谨的科学态度。

6.1.2　实训重点

（1）混凝土质量检测。

（2）砌筑工程质量检测。

（3）抹灰工程质量检测。

6.1.3　教学建议

现场施工质量检验实训要求指导教师应具备较丰富的工程实践经验，根据教学的内容安排相应的实训项目，教学采用项目驱动教学法。实训开始前由教师讲解混凝土、砌筑及抹灰工程施工质量检验的相关基础知识，按照水工及建筑行业规范及标准要求，采用与岗位能力相一致的教学手段，协助学生完成实训材料准备，然后通过四步教学法的几个基本阶段实施教学。教师要善于观察实训中的不足与安全隐患，并加以改进。在实训教学中要引导学生从工作过程中发现问题，有针对性地展开讨论，提高解决问题的能力。实训项目的活动在形式上应根据实训目标、内容、实训环境和实训条件的不同采取不同的教学模式，让学生多动手，实现做中学、学中做，以强化学生的实践动手能力。一个项目可以是2个学时，也可以是4个学时；实际教学时可以考虑利用一天时间，2个学时为理论教学，6个学时为实践教学。

6.1.4　实训条件及注意事项

1. 实训场地

按一个班教学，分 10 组，场地面积不少于 200m²。

2. 工具设备准备

准备天平、方孔筛、摇筛机、浅盘、毛刷、混凝土拌和机、磅秤、坍落度筒、钢制捣棒、钢直尺、液压式万能试验机、混凝土保护层测定仪、混凝土含气量测定仪、混凝土数显语音回弹仪、楼板厚度检测仪、裂缝宽度观测仪、非金属超声波检测仪、钢卷尺、塞尺、百格网、线锤、方尺、拖线板、靠尺板、皮数杆、手推车、尖铁锹、平铁锹、胶皮水管、钢丝刷、铁抹子、木抹子、靠尺、刮杠、小白线、钢盒尺、水平尺、直角尺、料斗、计算器、手套、安全帽等。

3. 实训材料准备

根据不同实训项目，老师协助学生做好材料准备。

4. 工具和材料使用注意事项

（1）实训中应加强材料的管理，工具、机械的保养和维修。

（2）砂子、水泥等原材料质量要求要符合规范规定。

（3）材料的使用、运输、储存等施工过程中必须采取有效措施，防止损坏、变质和污染环境。

（4）常用工具在操作结束后应予清洗并收好。

5. 施工操作一般注意事项

采用实训设备时，应先检查其稳定性，再进行质量检测。使用有电源设备时，作业人员必须穿绝缘胶鞋，戴绝缘手套。

6. 学生操作纪律与安全注意事项

（1）穿实训服，衣服袖口有缩紧带或纽扣，不准穿拖鞋。

（2）留辫子的同学必须把辫子扎在头顶。

（3）作业过程必须戴手套，钢筋加工使用电动机械的操作由教师进行。

（4）实训工作期间不得嬉戏打闹，不得随意玩弄工具。

（5）认真阅读实训指导书，依据实训指导书的内容，明确实训任务。

（6）实训期间要严格遵守工地规章制度和安全操作规程，进入实训场所必须佩戴安全帽，随时注意安全，防止发生安全事故。

（7）学生实训中要积极主动，遵守纪律，服从实习指导老师的工作安排，要虚心向指导教师学习，脚踏实地，扎扎实实，深入参与到实训操作中，参加具体工作以培养实际工作能力。

（8）遵守实训中心各项规章制度和纪律。

（9）每天写好实训日记，记录施工情况、心得体会、改进建议等。

（10）实训结束前写好实训报告。

6.1.5　实训安排

课程教学实训，任课老师制定实训时间表，系部汇总调整，制定学期专业实训课表，下发由任课教师执行。

综合实训项目时间编排，根据专业教学标准、实训条件、实训任务书、考核标准及内容由系部制定实训计划。各任课教师具体负责，系部协助进行实训前教育、动员，任课教师负责分组，实训中心管理人员负责现场设备、工具、材料准备，任课教师协助学生进行设备、工具的检查，按实训计划表进行训练。

（1）班级分组，每组 6 人。

（2）学生进入实训中心，先在实训中心整理队伍，按小组站好，在实训记录册签到，小组长领安全帽、手套，并发放给各位同学。

（3）同学们戴好安全帽，听实训指导教师讲解实训过程安排和安全注意事项。

（4）各小组同学按实训项目进行实训材料量的计算，填写领料单，领取材料，堆放到相应工位。

（5）由实训指导教师协调设备运行，并负责安全。

（6）按四步法进行实训教学。

（7）全部实训分项操作结束，实训指导老师进行点评、成绩评定。

（8）每次（每天）实训结束后，学生将实训项目全部拆除，可重复使用的材料进行清理归位。废料清理、操作现场清扫干净。

6.2 实 训 项 目

6.2.1 项目一：混凝土质量检测

6.2.1.1 教师教学指导参考（教学进程表）

教学进程见表 6.1。

表 6.1　　　　　　　　　　混凝土质量检测教学进程表

学习任务		混凝土质量检测				
教学时间/学时		4		适用年级		综合实训
教学目标	知识目标	掌握混凝土质量检测的基本内容				
	技能目标	按照施工技术要求进行混凝土的质量检测				
	情感目标	学习实训课程的目的是使学生掌握混凝土质量检测的实际操作和基本技能，培养学生严肃认真、一丝不苟、理论联系实际、实事求是的工作作风，提高学生用所学知识认识问题、分析问题、解决问题的综合能力				
教学过程设计						
时间	教学流程	教学法视角	教学活动	教学方法	媒介	重点
10min	安全、防护教育	引起学生的重视	师生互动、检查	讲解	图片	使用设备安全性
20min	课程导入	激发学生的学习兴趣	布置任务、下发任务单、提出问题	项目教学引导	图片、工具、材料	分组应合理、任务恰当、问题难易适当

147

时间	教学流程	教学法视角	教学活动	教学方法	媒介	重点
30min	学生自主学习	学生主动积极参与讨论及团队合作精神培养	根据提出的任务单及问题进行讨论、确定方案	项目教学小组讨论	教材、材料、卡片	理论知识准备
25min	演示	教师提问、学生回答	工具、设备的使用；规范的应用	课堂对话	设备、工具、施工规范	注重引导学生学习、激发学生的积极性
45min	模仿（教师指导）	组织项目实施、加强学生动手能力	学生在实训基地完成设备的实际操作	个人完成小组合作	设备、工具、施工规范	注意规范的使用
90min	自己做	加强学生动手能力	学生分组完成施工机械的布置任务	小组合作	设备、工具、施工规范	注意规范的使用、设备的正确操作
20min	学生自评	自我意识的觉醒，有自己的见解培养沟通、交流能力	检查操作过程，数据书写，规范的应用的正确性	小组合作	施工规范、学生工作记录	学生检查的流程及态度
20min	学生汇报、教师评价、总结	学生汇报总结性报告，教师给予肯定或指正	每组代表展示实操成果并小结、教师点评与总结	项目教学学生汇报小组合作	投影、白板	注意对学生的表扬与鼓励

6.2.1.2　实训准备

1. 知识准备

（1）原材料质量检测。对原材料的抽检频度和检测项目按混凝土施工规范中有关规定执行。对进场的钢材按规定抽样做力学性能试验，对水泥强度、安定性进行复检，其质量必须符合现行国家标准规定。

（2）混凝土拌和物质量检测。混凝土拌和物的出机温度、入仓温度、出机坍落度值每隔 2 小时检测一次。

（3）混凝土抗压强度质量检测。混凝土抗压强度质量检测是通过每 $200\sim500m^3$ 存一组试块，28 天龄期满后进行抗压强度试验得到。

（4）混凝土结构的检测：

1）安全性检测。安全性检测主要是指根据结构的整体变位和支承情况判断整个结构或结构的一部分是否危险；根据强度检测结果演算结构构件的强度安全情况，并由强度检测和构造条件演算和评价连接节点、连接材料的安全性，根据结构和构件的工作条件做出安全、稳定性测评。具体的检测项目有强度（抗压强度和抗剪强度）、弹塑性、断裂性能、缺陷（蜂窝麻面、孔洞等）、损伤（混凝土因干缩、温度收缩、化学收缩、外荷载作用产生的裂缝等）等。

2）功能完整性检测。功能完整性检测主要是根据设计目的和规范要求进行感观评估，以确定是否满足使用要求；根据实际测量的变形值与规范值或理论值进行比较，以判定对使用的影响程度；另外，根据裂缝的发生和发展来确定其对屋盖以及围护墙体的影响程度以及对整体结构的危害程度。主要的检测项目有感观评估、位移及变形检测、整体试验等。

3）耐久性检测。耐久性检测主要是根据结构材料和裂缝状态、老化程度、钢筋锈蚀程度以及环境条件的作用对其使用寿命进行预测。具体检测项目有抗渗漏、抗冻、钢筋锈蚀、抗磨损、碳化和收缩、受压徐变、动弹性模量、抗压疲劳强度检测等。

2. 实训案例

案例1：制作钢筋混凝土构件，构件尺寸 60cm×20cm×20cm，混凝土强度采用 C20，混凝土坍落度要求 55～70mm，未添加掺合料，钢筋采用 Φ6，采用 32.5 级普通硅酸盐水泥，粗骨料采用卵石。混凝土实验室配合比为：水泥∶砂∶石子∶水 = 1∶2.56∶5.5∶0.64。每立方米混凝土水泥用量为 280kg，现场实测砂的含水率 4%，石子含水率 2%。水灰比 $W/C = 0.66$，施工现场采用搅拌机出料容量为 $0.35m^3$。试浇筑该钢筋混凝土构件并进行质量控制。

案例2：某建筑工程为三层楼高，楼层板厚 200mm，混凝土保护层厚度 20mm，试用混凝土钢筋检测仪、数显语音回弹仪及楼板厚度检测仪等测定该楼板的质量是否符合要求。

3. 工具设备准备

准备天平、方孔筛、摇筛机、浅盘、毛刷、混凝土拌和机、磅秤、坍落度筒、钢制捣棒、钢直尺、液压式万能试验机、混凝土钢筋检测、混凝土含气量测定仪、混凝土数显语音回弹仪、楼板厚度检测仪、裂缝宽度观测仪、非金属超声波检测仪等设备，部分设备仪器见图 6.1。

4. 人员准备

实训按每组 6～8 人进行，由组长分工，实行组长负责制。

5. 现场准备

浇筑混凝土构件的模板、钢筋安装完毕并验收合格。

6.2.1.3 实训步骤

1. 施工工艺流程

施工工艺流程为：作业准备→材料计量及原材料检测→搅拌及质量检测→混凝土运输→混凝土浇筑、振捣及质量检测→拆模及养护→混凝土质量检测。

2. 实训步骤

（1）小组分工，明确自己的工作任务。

（2）选取配制混凝土所需原材料。水工混凝土是以水泥为胶结材料，以砂、石为骨料加水拌和而成。因此，混凝土的组成材料有：水泥、骨料（包括粗骨料和细骨料）、混凝土用水、化学外加剂、掺合料。

（3）混凝土原材料的检测。应用《水泥胶砂强度检验方法》（GB/T 17671—1999）、《水泥标准稠度用水量、凝结时间、安定性检验方法》（GB/T 1346—2011）、《普通混凝土用碎石或卵石质量标准及检验方法》（JGJ 53—92）、《普通混凝土用砂、石质量及检验方法标准》（JGJ 52—2006）等标准对所选用的原材料进行检测。

（4）混凝土配合比计算：

1）计算配制强度 $f_{cu,o}$ 并求相应的水灰比（W/C）。

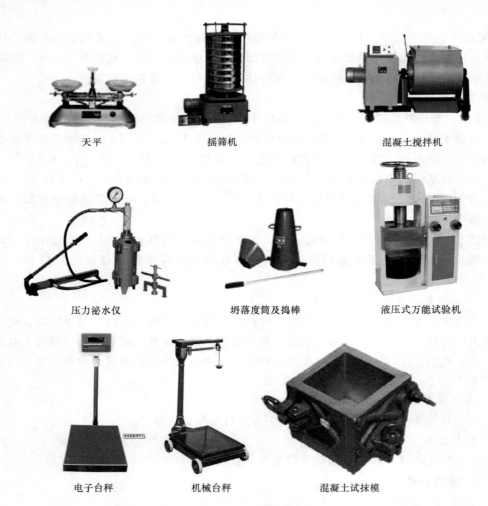

天平　　　　　　　　摇筛机　　　　　　　　混凝土搅拌机

压力泌水仪　　　　　　　坍落度筒及捣棒　　　　　　液压式万能试验机

电子台秤　　　　　　　机械台秤　　　　　　　混凝土试抹模

图 6.1　混凝土质量检测部分设备（一）

2）选取每立方米混凝土用水量，并计算出每立方米混凝土的水泥用量。

3）选取砂率（β_s），计算粗集料和细集料的用量，并提出供试配用的计算配合比。

4）配合比的试配、调整与确定混凝土浇筑。

（5）混凝土拌制的质量检查。对实验室混凝土材料及工程现场混凝土的和易性、力学性能等进行检测。

1）检查拌制混凝土所用原材料的品种、规格和用量，每一个工作班至少两次。

2）检查混凝土的坍落度及和易性，每一工作班至少两次。混凝土拌和物应搅拌均匀、颜色一致，具有良好的流动性、黏聚性和保水性，不泌水、不离析。不符合要求时，应查找原因，及时调整。

3）在每一工作班内，当混凝土配合比由于外界影响有变动时（如下雨或原材料有变化），应及时检查。

4）混凝土的搅拌时间应随时检查。

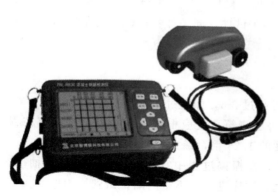

混凝土钢筋检测仪

含气量测定仪

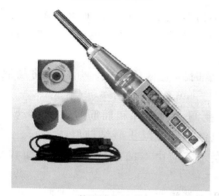

数显语音回弹仪

楼板厚度检测仪

裂缝宽度观测仪

非金属超声波检测仪

图 6.2　混凝土质量检测部分设备（二）

5）混凝土试块的留置。根据《混凝土结构工程施工质量验收规范》（GB 50204—2015）的规定，混凝土结构工程施工应按规定留置标准养护混凝土强度试块。混凝土强度试件应在混凝土的浇筑地点随机取样。取样与试件留置应符合下列规定：①每拌制 100 盘且不超过 100m³ 的同配合比的混凝土，取样不得少于一次；②每工作班拌制的同一配合比的混凝土不足 100 盘时，取样不得少于一次；③当一次连续浇筑超过 1000 m³ 时，同一配合比的混凝土每 200 m³ 取样不得少于一次；④每一楼层、同一配合比的混凝土，取样不得少于一次；⑤每次取样应至少留置一组标准养护试件，同条件养护试件的留置组数应根据实际需要确定。

（6）混凝土浇筑与振捣的质量检测：

1）混凝土浇筑与振捣：

a. 混凝土自料口下落的自由倾落高度不得超过 2m，如超过 2m 时必须采取措施。

b. 浇筑混凝土时应分段分层连续进行，每层浇筑高度应根据结构特点、钢筋疏密程度决定，一般分层高度为振捣器作用部分长度的 1.25 倍，最大不超过 50cm。

c. 使用插入式振捣器应做到"快插慢拔"，在振捣过程中宜让振捣棒上下略微抽动，使上下振动均匀，插点要均匀排列，逐点移动，顺序进行，不得遗漏，做到均匀振实。移动间距不大于振捣棒作用半径的 1.5 倍（一般为 30～40cm），每点振捣时间以 20～30s 为准，确保振捣密实，以混凝土表面不再明显下沉、不再有气泡冒出、表面泛出灰浆为准。对于分层部位，振捣棒应插入下层 5cm 左右以消除上下层混凝土之间的缝隙。振捣棒不得漏振，振捣时不得用振动棒赶浆，不得触碰钢筋。

d. 浇筑混凝土应连续进行。如必须间歇，其间歇时间应尽量缩短，并应在前层混凝土初凝之前，将次层混凝土浇筑完毕。

e. 浇筑混凝土时应经常观察模板、钢筋、预留孔洞、预埋件和插筋等有无移动、变形或堵塞情况，发现问题应立即停止浇筑，并应在已浇筑的混凝土凝结前修正完好。

2）混凝土的抹面。浇注完成设计标高后的混凝土，应由专门的抹面人员收面找平。用 2m 刮杠找平，并用木抹子收平混凝土面。

（7）工程现场混凝土质量调查与分析。通过工程现场混凝土外观质量及混凝土性能的调查研究，分析原材料、配合比及施工因素对混凝土质量的影响规律。

（8）混凝土的养护及测温。混凝土养护在混凝土浇筑中起着重要的作用。在混凝土浇筑后及时对混凝土塑料薄膜覆盖，覆膜的作用主要是防止混凝土在硬化过程中失水过多。混凝土宜采用自然养护，但应根据气候条件采取温度控制措施，对混凝土内外进行测温，使混凝土浇筑后内外温差 Δt 不大于 25℃。

混凝土养护注意事项：

1）混凝土应连续养护，养护期内始终使混凝土表面保持湿润。

2）混凝土养护时间不宜少于 14 天，有特殊要求的部位宜适当延长养护时间。

3）混凝土养护应有专人负责，并应作好养护记录。

4）混凝土的养护用水应与拌制用水相同。当日平均气温低于 5℃时，不得浇水；当采用其他品种水泥时，混凝土的养护应根据所采用水泥的技术性能确定。

5）养护人员高空作业要系安全带，穿防滑鞋。

6）养护用的支架要有足够的强度和刚度，篷帐搭设要规范合理。

7）人员上下支架或平台作业要谨慎小心，在保护好混凝土成品、保证养护措施实施的同时，加强个人安全防护工作。

（9）混凝土质量检测：

1）外观检测。对于混凝土外表产生的质量问题，可以用这种方法检查，如尺寸的偏差、蜂窝麻面、表面损伤、缺楞掉角、裂缝、冻害等。

2）仪器检测。采用混凝土钢筋检测、数显语音回弹仪及楼板厚度检测仪等实训仪器测定已成型混凝土结构的质量，做好记录，并确定是否符合质量要求。

6.2.1.4　质量要求

（1）混凝土质量检测方法：

1）应用《水泥胶砂强度检验方法》（GB/T 17671—1999）、《水泥标准稠度用水量、凝结时间、安定性检验方法》（GB/T 1346—2011）测定水泥技术性能。

2）依据国家标准《建筑用砂》（GB/T 14684—2011）、《建筑用卵石、碎石》（GB/T 14685—2011）对建筑用砂石进行试验，测得颗粒级配、表观密度、堆积密度和含泥量等。

3）进行新拌混凝土和易性试验，测量混凝土的坍落度及黏聚性。具体的方法是：将拌好的混凝土拌和物按一定方法装入圆锥形筒内（坍落筒），并按一定的方式插捣，待装满刮平后，垂直平稳地向上提起坍落度筒，量测筒高与坍落后混凝土试体最高点之间的高度差（mm），则为该混凝土的坍落度值。

黏聚性的检查方法是将捣棒在已坍落的混凝土锥体侧面轻轻敲打，若锥体逐渐下沉，则表示黏聚性良好，若锥体倒塌或部分崩裂，则表示黏聚性不好。

4）制备混凝土试块。

5）依据国家标准《普通混凝土力学性能试验方法标准》（GB/T 50081—2016）使用万能压力机测量混凝土试块的力学性能。

6）硬化后混凝土的耐久性测试，包括抗渗性、抗冻性和抗侵蚀性：

a. 混凝土的抗渗性。混凝土的抗渗性是指其地抗水、油等压力液体渗透作用的能力。因为环境中的各种侵蚀介质只有通过渗透才能进入混凝土内部产生破坏作用。混凝土的抗渗性以抗渗等级表示。采用标准养护 28 天的标准试样，按规定方法进行试验，以其所能承受最大水压力（MPa）来计算其抗渗等级。

b. 混凝土的抗冻性。混凝土的抗冻性是指混凝土含水时抵抗冻融循环作用而不破坏的能力。混凝土的冻融循环破坏原因是混凝土中水结冰后发生体积膨胀，当膨胀力超过其抗拉强度时，便使混凝土产生微细裂纹，反复冻融使裂缝不断扩展，导致混凝土强度降低直至破坏。

混凝土的抗冻融性以抗冻等级表示。抗冻等级是以龄期 28 天的试块在吸水饱和后于 $-15\sim20℃$ 反复冻融循环，用抗压强度下降不超过 25%、质量损失不超过 5% 时所能承受的最大冻融循环次数来表示。此法为慢冻法，对于抗冻要求高的，可用快冻法，即用同时满足相对弹性模量值不小于 60%、质量损失率不超过 5% 时的最大循环次数来表示其抗冻性指标。

c. 混凝土的抗侵蚀性。环境介质对混凝土的化学侵蚀主要是咸水、硫酸盐、酸、碱等对水泥石的侵蚀作用。

（2）混凝土质量要求。大体积混凝土施工遇炎热、冬期、大风或者雨雪天气等特殊气候条件下时，必须采用有效的技术措施，保证混凝土浇筑和养护质量，并应符合下列规定：

1）在炎热季节浇筑大体积混凝土时，宜将混凝土原材料进行遮盖，避免日光曝晒，并用冷却水搅拌混凝土，或采用冷却骨料、搅拌时加冰屑等方法降低入仓温度，必要时也可采取在混凝土内埋设蛇形冷却管通水冷却。混凝土浇筑后应及时保湿保温养护，避免模板和混凝土受阳光直射。条件许可时应避开高温时段浇筑混凝土。

2）冬期浇筑混凝土，宜采用热水拌和、加热骨料等措施提高混凝土原材料温度，混凝土入模温度不宜低于 5℃。混凝土浇筑后应及时进行保温保湿养护。

3）大风天气浇筑混凝土，在作业面应采取挡风措施，降低混凝土表面风速，并增加混凝土表面的抹压次数，及时覆盖塑料薄膜和保温材料，保持混凝土表面湿润，防止风干。

4）不宜露天浇筑混凝土，当需施工时，应采取有效措施，确保混凝土质量。浇筑过程中突遇大雨或大雪天气时，应及时在结构合理部位留置施工缝，尽快中止混凝土浇筑；对已浇筑还未硬化的混凝土立即进行覆盖，严禁雨水直接冲刷新浇筑的混凝土。

5）混凝土强度达到 $1.2N/mm^2$ 前，不得在其上踩踏或安装模板及支架。

6）混凝土表面不得过早上人，不能集中堆放物件。

（3）任务单填写完整、内容准确、书写规范。

（4）各小组自评要有书面材料，小组互评要实事求是。

6.2.1.5　学生实训任务单

学生实训任务单见表 6.2、表 6.3。

表 6.2　钢筋混凝土构件浇筑质量控制实训考核表

姓名：			班级：		指导教师：		总成绩：	
相关知识					评分权重20%		成绩：	
1．常用的混凝土质量检测设备有哪些？								
2．选3～5个常用的混凝土质量检测仪器并描述其性能								
实训知识					评分权重15%		成绩：	
1．普通混凝土原材料的质量检测要求								
2．普通混凝土质量检测的内容								
3．混凝土工程施工中如何选择混凝土质量检测仪器？								
考核验收					评分权重45%		成绩：	
	项　目		考核要求	检验方法	验收记录		分值	得分
1	学习态度		积极参与、细心	观察			10	
2	混凝土原材料检测结果		书面材料，正确	检查			20	
3	混凝土拌制质量检测结果		书面材料，正确	检查			20	
4	混凝土浇筑与振捣的质量检测		书面材料，正确	检查			20	
	判定案例1中混凝土质量检测仪器选择是否合理		书面材料，正确	检查			20	
	钢筋混凝土构件养护及外观检查		书面材料，正确	检查			10	

续表

实训质量检验记录及原因分析		评分权重10%	成绩:
实训质量检验记录	质量问题分析	防治措施建议	
实训心得		评分权重10%	成绩:

表 6.3 **楼板质量检测实训成绩表**

姓名:	班级:		指导教师:		总成绩:	
相关知识				评分权重20%	成绩:	
1. 常用的混凝土无损检测仪器有哪些?						
2. 选两个常用的混凝土无损检测仪器并描述其性能						
实训知识				评分权重25%	成绩:	
1. 混凝土钢筋检测仪安全操作规程						
2. 数显语音回弹仪安全操作规程						
3. 楼板厚度检测仪安全操作规程						
4. 裂缝宽度观测仪安全操作规程						
5. 非金属超声波检测仪安全操作规程						

考核验收				评分权重35%	成绩:	
	项 目	考核要求	检验方法	验收记录	分值	得分
1	准确认识无损检测检测设备	准确	观察		10	
2	混凝土钢筋检测仪操作	操作步骤正确 符合安全规程	观察		20	
3	非金属超声波检测仪操作	操作步骤正确 符合安全规程	观察		20	
4	数显语音回弹仪操作	操作步骤正确 符合安全规程	观察		20	
5	楼板厚度检测仪操作	操作步骤正确 符合安全规程	观察		15	
6	裂缝宽度观测仪操作	操作步骤正确 符合安全规程	观察		15	

155

续表

实训质量检验记录及原因分析		评分权重 10%	成绩：
实训质量检验记录	质量问题分析	防治措施建议	
实训心得		评分权重 10%	成绩：

6.2.2　项目二：砌筑工程质量检测

6.2.2.1　教师教学指导参考（教学进程表）

教学进程见表 6.4。

表 6.4　　　　　　　　　砌筑工程质量检测教学进程表

学习任务		砌体工程质量检测实训		
教学时间/学时		4	适用年级	综合实训
教学目标	知识目标	让学生通过实训，了解认知砌体工程常用检测规范及工具		
	技能目标	能对照规范，正确找出砌体工程施工质量问题，了解砌体工程的质量通病，分析其原因并提出相应的防治措施和解决办法		
	情感目标	培养团队合作精神，养成严谨的工作作风；做到安全施工、文明施工		

6.2.2.2　实训准备

1. 知识准备

（1）一般项目：

1）工地选砖是否边角整齐，色泽均匀。

2）有冻胀环境地区，核实地面以下或防潮层以下的砌体砌筑，是否采用烧结普通砖。

3）核实砌筑砖砌体时是否提前 1～2 天浇水湿润砖。现场烧结普通砖、多孔砖含水率是否满足 10%～15% 的要求。

4）砌砖工程采用铺浆法砌筑时，铺浆长度是否超过 750mm；施工期间气温超过 30℃ 时，铺浆长度是否超过 500mm。

5）灰缝在过梁的顶面是否大于 15mm。拱脚下面是否伸入墙内不小于 200mm，拱底是否有 1% 的超拱。

6）砖过梁底部的模板拆除时灰缝砂浆强度是否低于设计强度的 50%。

7）多孔砖的孔洞是否垂直于受压面砌筑。

8）施工时施砌的蒸压（养）砖的产品龄期是否小于 28 天。

9）竖向灰缝是否出现透明缝、瞎缝和通缝。

10）砖砌体施工临时间断处补砌时，接槎处表面是否清理干净，是否浇水湿润，并填实砂浆，保持灰缝平直。

（2）主控项目：

1）砖和砂浆的强度等级是否符合设计要求。检验方法：查阅砖和砂浆试块试验报告。

2）砌体水平灰缝的砂浆饱满度是否小于 80%。检验方法：用百格网检查砖底面与砂浆的黏结痕迹面积；每处检测 3 块砖，取其平均值。

3）砖砌体的转角处和交接处是否同时砌筑。对不能同时砌筑临时间断处是否砌成斜槎，斜槎水平投影长度是否小于高度的 2/3。检验方法：观察检查。

2. 场地准备

联系砌体施工场地或学生之前做的砌体砌筑实训不要拆掉，留待做质量检测之用。

3. 工具准备

（1）钢卷尺（主要用来量测轴线尺寸、位置、墙长、墙厚等，还有门窗洞口尺寸，留洞位置尺寸等）。

（2）塞尺（与拖线板配合使用，用来测量墙柱垂直、平整度偏差）。

（3）百格网（用于检查砌体水平缝砂浆饱满度的工具）。

（4）方尺（阴角阳角两种，分别用于检查砌体转角的方整程度）。

（5）龙门板（用于房屋放线后砌筑时定轴线、中心线标准）。

（6）线锤（用于检查砖柱、垛、门窗洞口的面或角是否垂直）。

（7）拖线板、靠尺板（与线锤配合用以检查墙面垂直及平整）。

（8）皮数杆（用于控制砌筑层数、门窗洞口及梁板位置的辅助工具）。

（9）线、挂线（用于控制砖层平直与墙厚，是砌砖的依据）。

6.2.2.3 操作步骤

砌筑工程的施工操作步骤是先进行砌体及材料检测，再进行工程检测。砌体及材料主要包括工程使用砖、水泥、砂子等，工程检测主要检测砌筑体的表面平整度、垂直度及砂浆饱满度。

6.2.2.4 质量要求

1. 材料质量要求

（1）选砖应边角整齐，色泽均匀。

（2）冻胀环境地区，地面以下或防潮层以下的砌体，宜采用烧结普通砖。

（3）砖应提前 1～2 天浇水湿润，含水率宜为 10%～15%。

2. 砌筑施工质量要求

砌筑施工质量要求见表 6.5。

表 6.5 砌筑施工质量检查项目及质量标准表

检查内容	评判标准
平整度	≤8mm
垂直度	≤5mm
砂浆饱满度	≥80%

6.2.2.5 学生实训任务单

学生实训任务单见表 6.6。

表 6.6 砌筑施工质量检测实训考核表

姓名：		班级：		指导教师：		总成绩：	
相关知识				评分权重 30%		成绩：	
1. 常用的砌体工程质量检测工具有哪些？							
2. 选 3～5 个常用的砌体工程质量检测工具并描述其性能							
实训知识				评分权重 20%		成绩：	
1 砌体工程原材料的质量检测要求							
2. 砌体工程质量的检测内容							
3. 砌体工程质量的检测步骤							
考核验收				评分权重 30%		成绩：	
项目名称				施工阶段		砌体工程	
检查项目	评判标准	检测区	轴线	验收记录		分值	得分
平整度	≤8mm	10	平整度			40	
垂直度	≤5mm	10	垂直度			30	
砂浆饱满度	≥80%	10	砂浆饱满度			30	
实训质量检验记录及原因分析				评分权重 10%		成绩：	
实训质量检验记录		质量问题分析		防治措施建议			
实训心得				评分权重 10%		成绩：	

注　1. 卫生间墙体采用烧结黏土空心砖，用 M7.5 水泥砂浆砌筑。

2. 空心砌块的砌体灰缝应为 8～12mm，加气混凝土砌块砌体的水平灰缝厚度和竖向灰缝宽度分别为 15mm 和 20mm。

3. 填充墙墙体的水平砂浆饱满度应不小于 80%，垂直灰缝不得有明缝、通缝。检测方法为百格网检查块材底砂浆的黏结痕迹面积以及观察检查法。

4. 填充墙墙体的表面平整度应不大于 8mm，垂直度应不大于 5mm。检测方法为用 2m 检测尺和楔形塞尺。

5. 填充墙砌至接近梁底、板底时应留置一定的空隙，待填充墙砌筑完并应至少间隔 7 天后，再将其补砌挤紧。

6.2.3 项目三：抹灰工程质量检测

6.2.3.1 教师教学指导参考（教学进程表）

教学进程见表 6.7。

表 6.7 抹灰工程质量检测教学进程表

学习任务		抹灰工程质量检测实训		
教学时间/学时		4	适用年级	综合实训
教学目标	知识目标	让学生通过实训，了解认知抹灰工程常用检测规范及工具		
	技能目标	能对照规范，正确找出抹灰工程施工质量问题，了解抹灰工程的质量通病，分析其原因并提出相应的防治措施和解决办法		
	情感目标	培养团队合作精神，养成严谨的工作作风；做到安全施工、文明施工		

6.2.3.2 实训准备

1. 知识准备

（1）抹灰质量标准主控项目：

1）细石混凝土采用的粗骨料，其最大粒径不应大于面层厚度的 2/3。石子粒径不应大于 15mm。水泥砂浆面层采用普通硅酸盐水泥、其强度等级不应小于 32.5，不同品种、不同强度等级的水泥严禁混用；砂为中粗砂，含泥量不应大于 3％。

2）面层的强度等级应符合设计要求，细石混凝土强度等级不应小于 C20。

（2）抹灰质量标准一般项目：

1）面层表面不应有裂纹、脱皮、麻面、起砂等缺陷。

2）面层表面的坡度符合设计要求，不能有泛水和积水现象。

3）地面允许偏差见表 6.8。

表 6.8 地面允许偏差和检验方法

项 目	允许偏差/mm	检查方法
表面平整度	≤4	用 2m 靠尺和楔形塞尺检查

2. 实训案例

某工程地面垫层以及预埋在地面内各种管线已做完，穿过楼面的竖管已安完，管洞已堵塞密实，墙、顶抹灰已做完，正进行地坪抹灰，试进行抹灰质量检测。

3. 工具设备准备

准备搅拌机、磅秤、砂浆配合比标示牌、手推车、尖铁锹、平铁锹、胶皮水管、钢丝刷、铁抹子、木抹子、靠尺、刮杠、小白线、钢盒尺、水平尺、直角尺、料斗等。

4. 材料准备

准备 C15 细石混凝土；P.O 32.5 水泥；1:1 及 1:2.5 水泥砂浆。

5. 技术准备

（1）明确规范要求及各种房间部位的地面做法。

（2）配出砂浆试配单。

（3）各种材料已进行复试合格。

6.2.3.3　操作步骤

（1）观察基层上的灰尘清扫情况，施工人员是否做到用钢丝刷净，用錾子剔掉灰浆皮和灰渣层，用 10%的火碱水溶液刷掉基层上的油污，并用清水及时将碱液冲净。

（2）观察面层标高线是否完成放线，并弹在墙上。

（3）地面基层均匀洒水，询问面层抹灰厚度（不应小于 20mm），观察灰饼（5cm×5cm）制作密度及质量。

（4）大房间是否标筋。

（5）搅拌砂浆是否应用搅拌机进行搅拌。

（6）在铺设水泥砂浆之前，基层是否扫过水泥浆，是否随刷随铺面层砂浆。

（7）观察抹灰工序是否都做到，比如木刮杠刮平，然后用木抹子搓平，操是否作人员随时用 2m 靠尺检查面层平整度。

（9）三次铁抹子压光时间及效果。

（10）洒水养护时间是否正确，是否保持表面湿润，是否提前上人。

6.2.3.4　质量要求

（1）学生要在抹灰材料、基面处理、抹灰过程、成品验收等方面进行检查判断是否符合要求。

（2）任务单填写完整、内容准确、书写规范。

（3）各小组自评要有书面材料，小组互评要实事求是。

6.2.3.5　学生实训任务单

学生实训任务单见表 6.9、表 6.10。

表 6.9　　　　　　　　　抹灰工程质量检测实训考核表

姓名：		班级：		指导教师：		总成绩：	
相关知识				评分权重30%		成绩：	
1. 水泥砂浆抹面工程质量检测采用哪些机具？							
2. 水泥砂浆抹面工程质量检测有哪些内容？							
实训知识				评分权重20%		成绩：	
1. 水泥砂浆抹面工程原材料的质量检测要求							
2. 水泥砂浆抹面工程质量的检测步骤							
考核验收				评分权重30%		成绩：	
	项　目	考核要求		检验方法	验收记录	分值	得分
1	学习态度	积极参与、细心		观察		50	
2	判定水泥砂浆抹面质量，检测机具选择是否合理	检测机具选择合理，提供书面材料		检查		50	

续表

实训质量检验记录及原因分析		评分权重10%	成绩:
实训质量检验记录	质量问题分析	防治措施建议	
实训心得		评分权重10%	成绩:

表 6.10   **水泥砂浆抹面单元工程质量实训考核表**

工程名称_____施工单位

分部工程名称_____工程量_____m²   评定日期 年 月 日

项目名称			检测日期		
项次	保证项目	质量标准	检验记录		
1	抹面砂浆	单独拌制,砂浆质量符合规定			
2	砂浆用原材料	符合规范规定,砂浆宜用细砂,水泥宜用普通硅酸盐水泥			
3	基础面处理	基础面凿毛面积≥80%,表面清洗干净,无残留灰渣,保持基础面清洁			
项次	基本项目	质量标准		检验记录	质量等级
		合 格	优 良		合格 / 优良
1	抹面厚度	≥70%符合设计要求	≥90%符合设计要求		
2	抹面平整度	≤4mm,总检测数中有大于等于70%的测点符合质量要求	≤3mm,总检测数中有大于等于90%测点符合质量要求		
3	砂浆填充压实	分次填充、压实,密实度符合要求。检测总点数中有大于等于70%的测点符合质量要求	分次填充、压实,密实度符合要求;检测总点数中有大于等于90%测点符合质量要求		
4	表面养护	基本及时养护,基本保持21天湿润	及时养护,保持21天湿润		
评 定 意 见					工程质量等级

施工班组长(拟定):

施工队质检员(拟定):

施工企业质检处(科)(拟定):   建设(监理)单位(拟定):

参 考 文 献

［1］ 房树田．建筑工程施工［M］．北京：机械工业出版社，2010.

［2］ 刘祥柱．水利水电工程施工［M］．郑州：黄河水利出版社，2009.

［3］ 钟振宇．建筑工种实训指导［M］．北京：机械工业出版社，2008.

［4］ 张建荣，董静．建筑施工操作工种实训［M］．上海：同济大学出版社社，2011.

［5］ 刘道南．水工混凝土施工［M］．4 版．北京：中国水利水电出版社，2010.

［6］ 毕万利．建筑材料［M］．2 版．北京：高等教育出版社，2011.

［7］ 徐洲元．混凝土工实训［M］．北京：中国水利水电出版社，2014.

［8］ 温淑桥．钢筋工实训［M］．北京：中国水利水电出版社，2014.

［9］ 张启旺．架子工实训［M］．北京：中国水利水电出版社，2014.

［10］ 李芳．砌筑工实训［M］．北京：中国水利水电出版社，2015.

［11］ 李小琴．模板工实训［M］．北京：中国水利水电出版社，2015.

［12］ SL 677—2014 水工混凝土施工规范［S］．北京：中国水利水电出版社，2014.

［13］ GB 50496—2009 大体积混凝土施工规范［S］．北京：中国计划出版社，2009.

［14］ GB 50203—2011 砌体结构工程施工质量验收规范［S］．北京：中国建筑工业出版社，2011.

［15］ GB 50924—2014 砌体结构工程施工规范［S］．北京：中国建筑工业出版社，2014.

［16］ GB 50204—2015 混凝土结构工程施工质量验收规范［S］．北京：中国建筑工业出版社，2015.

［17］ DL/T 5169—2013 水工混凝土钢筋施工规范［S］．北京：中国电力出版社，2013.

［18］ GB 50164—2011 混凝土质量控制标准［S］．北京：中国建筑工业出版社，2011.

［19］ GB/T 50080—2011 普通混凝土拌合物性能试验方法标准［S］．北京：中国建筑工业出版社，2011.

［20］ GB/T 50375—2016 建筑工程施工质量评价标准［S］．北京：中国建筑工业出版社，2016.

［21］ JGJ 107—2016 钢筋机械连接技术规程［S］．北京：中国建筑工业出版社，2016.

［22］ JGJ 162—2014 建筑施工模板安全技术规范［S］．北京：中国建筑工业出版社，2014.

［23］ JGJ 33—2012 建筑机械使用安全技术规程［S］．北京：中国建筑工业出版社，2012.

［24］ JGJ 130—2011 建筑施工扣件式钢管脚手架安全技术规范［S］．北京：中国建筑工业出版社，2011.

［25］ GB/T 50107—2010 混凝土强度检验评定标准［S］．北京：中国建筑工业出版社，2010.

［26］ GB 50870—2013 建筑施工安全技术统一规范［S］．北京：中国计划出版社，2013.

［27］ GB/T 50315—2011 砌体工程现场检测技术标准［S］．北京：中国建筑工业出版社，2011.

［28］ GB/T 50344—2015 建筑结构检测技术标准［S］．北京：中国建筑工业出版社，2015.

［29］ JGJ 190—2010 建筑工程检测试验技术管理规范［S］．北京：中国建筑工业出版社，2010.

［30］ GB/T 50214—2013 组合钢模板技术规范［S］．北京：中国计划出版社，2013.